学车工
就这么简单

杨志勤◎编著

科学出版社

内 容 简 介

本书共8章，主要内容包括：车工简介、车床的认知及操作、车床常用夹具的结构及使用方法、金属切削基本常识、车刀、车床常见零件的装夹找正方法、轴类零件的车削、套类零件的车削、圆锥零件的车削、成形面的车削、车螺纹、滚花加工，以及常用量具的使用方法等。

本书内容实用，可操作性强，配有大量的图解说明，易看、易懂，方便初学者快速掌握车工操作技能，可作为企业车工培训和工人自学用书，也可供工科院校相关专业师生参考。

图书在版编目（CIP）数据

学车工就这么简单/杨志勤编著. —北京：科学出版社，2017.6
ISBN 978-7-03-053287-9

Ⅰ.学… Ⅱ.杨… Ⅲ.车削–基本知识 Ⅳ.TG51

中国版本图书馆CIP数据核字（2017）第128641号

责任编辑：张莉莉 杨 凯 / 责任制作：魏 谨
责任印制：肖 兴 / 封面设计：杨安安
北京东方科龙图文有限公司 制作
http://www.okbook.com.cn

科学出版社 出版
北京东黄城根北街16号
邮政编码：100717
http://www.sciencep.com

文林印务有限公司 印刷
科学出版社发行 各地新华书店经销

*

2017年6月第 一 版　　开本：720×1000　1/16
2017年6月第一次印刷　　印张：13 1/4
印数：1—3 500　　字数：200 000

定价：45.00元
（如有印装质量问题，我社负责调换）

前 言

制造业是国民经济的主体，是科技创新的主战场，是立国之本、兴国之器、强国之基。随着《中国制造2025》的提出，具有高级技能的蓝领工人越来越得到国家的重视。而蓝领工人的培养也是从最基础的技能开始培训和实践的。本书的宗旨就是为那些即将从事机械加工技术的初学者在短期内迅速地掌握车工操作技能提供一种途径。

本书最显著的特点就是引入了思维导图的概念，使初学者尽快地掌握正确的学习方法。这样不仅可以节省学习时间和提高学习效率，还能大大提升学习者的自信心，让读者在学习的过程中越学越有兴趣。

本书共分8章，系统介绍车工的基本技能和与初级车工相关的机械基础知识。主要内容包括：车工安全操作规程、车床的基本操作方法、车床基本附件的功能与使用方法、金属切削基本常识、零件的检测方法、回转体零件的装夹方法、车刀的刃磨以及与车削有关的基础知识等。

在第1章中重点讲述了思维导图的作用和在本书中的使用方法，力图使读者能够尽快地、准确地理解和掌握本书所涉及的有关车削技能的基础知识和方法。

本书由北京联合大学机器人学院的杨志勤老师执笔撰稿，北京联合大学机器人学院的郭政老师也参加了编写工作。

由于编者水平有限，书中难免有不足之处，敬请广大读者批评指正。

编 者

目 录

第1章 本书的学习方法浅述
  1.1 读书也要有方法 ………………………………………… 1
  1.2 思维导图的作用 ………………………………………… 2
  1.3 绘制思维导图的情景设置 ……………………………… 2
  1.4 要了解车床的基本概念 ………………………………… 3
  1.5 车床操作的基本方法 …………………………………… 4
  1.6 车削加工刀具——车刀 ………………………………… 5
  1.7 车床夹具及工件找正方法 ……………………………… 5
  1.8 各类典型加工面的车削加工方法 ……………………… 6
  1.9 车削加工常用量具的使用方法 ………………………… 7
  1.10 车工技术理论的学习方法 …………………………… 7

第2章 车工简介
  2.1 什么是车工 ……………………………………………… 8
  2.2 车工的加工范围 ………………………………………… 9
  2.3 车工安全规程及文明生产 ……………………………… 11
    2.3.1 安全规则 …………………………………………… 11
    2.3.2 文明生产 …………………………………………… 13

第3章 车床的认知及操作
  3.1 车床简介 ………………………………………………… 15
  3.2 车床的型号 ……………………………………………… 18

3.3 车床的组成及功能 ··················· 21
3.3.1 CA6140型普通卧式车床的主要技术规格 ··················· 21
3.3.2 CA6140型普通卧式车床的组成及功能 ··················· 22
3.4 车床的基本操作 ··················· 23
3.4.1 车床启动的操作步骤 ··················· 23
3.4.2 车床主轴变速操作 ··················· 26
3.4.3 车床进给箱的变速操作 ··················· 27
3.4.4 车床溜板箱的操作 ··················· 32
3.4.5 机动进给操作 ··················· 38
3.4.6 尾座操作 ··················· 39

第4章 金属切削基本常识
4.1 车削运动和切削用量 ··················· 42
4.1.1 车削运动及形成表面 ··················· 42
4.1.2 切削用量 ··················· 44
4.1.3 切削用量的选择原则 ··················· 45
4.2 切削层的参数 ··················· 47
4.3 切削力 ··················· 47
4.3.1 切削力的来源 ··················· 47
4.3.2 切削力的计算 ··················· 48
4.3.3 切削功率的计算 ··················· 49
4.3.4 影响切削力的主要因素 ··················· 50

第5章 车床常用夹具及零件的装夹
5.1 车床常用夹具的结构及使用方法 ··················· 52
5.1.1 三爪自定心卡盘的结构与安装 ··················· 53
5.1.2 四爪单动卡盘 ··················· 57
5.1.3 花盘 ··················· 58

5.1.4　心　轴 …………………………………………………… 59
　　　5.1.5　顶　尖 …………………………………………………… 60
　　　5.1.6　中心架 …………………………………………………… 62
　　　5.1.7　跟刀架 …………………………………………………… 63
　5.2　回转体零件的装夹方法 ………………………………………… 64
　5.3　零件的装夹找正 ………………………………………………… 66
　　　5.3.1　在自动定心三爪卡盘上装夹找正 ………………………… 66
　　　5.3.2　非圆零件在单动四爪上装夹找正 ………………………… 69

第 6 章　车　刀

　6.1　常用车刀的种类及用途 ………………………………………… 72
　6.2　刀具材料 ………………………………………………………… 75
　　　6.2.1　刀具材料的基本要求 ……………………………………… 75
　　　6.2.2　常用刀具材料的种类和牌号 ……………………………… 75
　6.3　车刀切削角度的认知 …………………………………………… 79
　　　6.3.1　车刀的组成 ………………………………………………… 79
　　　6.3.2　车刀切削部分的几何角度 ………………………………… 81
　6.4　车刀的切削性能与角度作用及选择 …………………………… 84
　　　6.4.1　前角的作用及选择 ………………………………………… 84
　　　6.4.2　后角的作用及选择 ………………………………………… 85
　　　6.4.3　主偏角的作用及选择 ……………………………………… 86
　　　6.4.4　副偏角的作用及选择 ……………………………………… 86
　　　6.4.5　刃倾角的作用及选择 ……………………………………… 87
　6.5　常用车刀的刃磨方法 …………………………………………… 88
　　　6.5.1　手工刃磨车刀设备 ………………………………………… 88
　　　6.5.2　手工刃磨操作 ……………………………………………… 90
　6.6　车削加工的其他刀具 …………………………………………… 92
　　　6.6.1　钻　头 ……………………………………………………… 92

6.6.2 铰刀 ……………………………………………………………… 97

第 7 章　车工基本技能

7.1　轴类零件的车削 …………………………………………………… 99
7.1.1　轴类零件 …………………………………………………… 99
7.1.2　车削轴类零件加工的基本方法 …………………………… 101
7.1.3　轴类零件加工实例 ………………………………………… 108
7.1.4　车削轴类零件容易出现的问题及注意事项 ……………… 121

7.2　套类零件的车削 …………………………………………………… 122
7.2.1　套类零件 …………………………………………………… 122
7.2.2　套类零件的特点 …………………………………………… 122
7.2.3　套类零件的主要技术要求 ………………………………… 123
7.2.4　套类零件的装夹 …………………………………………… 124
7.2.5　孔的加工方法 ……………………………………………… 126
7.2.6　套类零件加工实例 ………………………………………… 137

7.3　圆锥零件的车削 …………………………………………………… 145
7.3.1　圆锥 ………………………………………………………… 145
7.3.2　标准圆锥 …………………………………………………… 146
7.3.3　圆锥面的车削方法 ………………………………………… 147
7.3.4　圆锥类零件加工实例 ……………………………………… 151

7.4　成形面的车削 ……………………………………………………… 153
7.4.1　用双手控制法车削成形面 ………………………………… 154
7.4.2　用成形车刀车削成形面 …………………………………… 155
7.4.3　用仿形法车削成形面 ……………………………………… 156
7.4.4　用专用工具车削成形面 …………………………………… 157

7.5　车螺纹 ……………………………………………………………… 158
7.5.1　螺纹加工基本知识 ………………………………………… 158
7.5.2　三角螺纹加工实例 ………………………………………… 173

7.6 滚花加工 …………………………………………………… 175
    7.6.1 滚花的概念 ………………………………………… 175
    7.6.2 滚花所用刀具 ……………………………………… 176
    7.6.3 滚花的加工方法 …………………………………… 177
    7.6.4 滚花加工时的切削用量选择 ……………………… 178

第 8 章 常用量具的使用方法

8.1 钢直尺 …………………………………………………… 181
8.2 卡 钳 …………………………………………………… 182
8.3 游标卡尺 ………………………………………………… 184
    8.3.1 游标卡尺的结构 …………………………………… 184
    8.3.2 刻线原理 …………………………………………… 184
    8.3.3 读数方法 …………………………………………… 184
    8.3.4 使用方法 …………………………………………… 185
    8.3.5 注意事项 …………………………………………… 186
8.4 外径千分尺 ……………………………………………… 187
    8.4.1 外径千分尺的结构 ………………………………… 187
    8.4.2 外径千分尺的测量原理及测量方法 ……………… 188
8.5 内径千分尺 ……………………………………………… 190
8.6 螺纹千分尺 ……………………………………………… 190
    8.6.1 螺纹千分尺的结构 ………………………………… 190
    8.6.2 螺纹千分尺的测量方法 …………………………… 191
8.7 深度千分尺 ……………………………………………… 191
8.8 壁厚千分尺 ……………………………………………… 192
8.9 百分表 …………………………………………………… 192
    8.9.1 百分表的结构及工作原理 ………………………… 192
    8.9.2 百分表的使用 ……………………………………… 194
    8.9.3 百分表的读数 ……………………………………… 194

8.9.4 百分表的用途 …………………………………………… 195
8.10 内径百分表 ……………………………………………… 195
8.11 万能角度尺 ……………………………………………… 197
8.11.1 万能角度尺的读数原理 ………………………………… 197
8.11.2 万能角度尺的读数方法 ………………………………… 197
8.11.3 万能角度尺的使用 ……………………………………… 198

附 录

操作视频说明 ……………………………………………………… 200

第1章
本书的学习方法浅述

以往很多讲解车工技能的图书在开篇都直奔主题，从最简单的基本概念开始讲起，由浅入深地介绍各种操作技能的知识要点等内容。本书则与之不同，我们首先要谈一谈如何在较短的时间内掌握车工的基础知识，也就是说，我们先向大家介绍本书的学习方法。

1.1 读书也要有方法

古语说："工欲善其事，必先利其器。"比喻要做好一件事，准备工作非常重要。我们将要开启车工技术的学习之旅，那么，对于这趟学习旅程，各位读者，你准备好了吗？对自己有什么期待吗？有什么学习计划吗？想怎么学车工的基本知识呢？

有人会说，我是在学校读书的学生，学习计划、学习进度安排都是老师制订的，我们只要跟着老师学就行了，老师教我们什么，我们就学什么。

好，如果你身旁有老师指导，带着学习车工知识，那么可以跳过本章内容，直接翻到下一章阅读。如果你没有老师在旁边指导，那么，请仔细阅读本章的内容，相信你一定会有重大收获。

法国的物理学家保罗·朗之万在总结读书的经验与教训时曾说："方法的得当与否往往会主宰整个读书过程，它能将你托到成功的彼岸，也能将你拉入失败的深谷。"

掌握适当的学习方法，不仅可以节省学习时间和提高学习效率，还能大大提升学习者的自信心，让读者在学习的过程中越学越有兴趣。尤其对于自学的读者，掌握一些基本的学习方法可以明显提高学习效果，使学习过程变得有趣，而不是枯燥乏味。

在本章里，笔者主要向大家推荐一种学习方法，即使用思维导图来辅助学习车工技术的基础知识。

1.2 思维导图的作用

举一个简单例子，大家到一个公园景点去爬山。上山的路线不止一条，有的路线是具有冒险精神的人探索出来的，它可能不会是坦途。但一般景点都会有一张景点管理处绘制的登山路线图，按照此图攀登，你的目标很明确，路线很清晰，也相对安全、省时或省力。

学习车工技术的基础知识可以看作是一次登山的过程。一般的书籍只是通过目录来说明登山的路径，而本书则是绘制出学习车工基础知识的思维导图，以帮助读者更快、更好地掌握知识要点。思维导图就好比一张登山地图，可以让初学者更加直观地了解学习的过程、步骤和策略。

首先知道了目标在哪里，然后充满干劲地向目标奔跑，选择适当的前进策略，目的地就容易很快地到达。

这本书不仅帮助读者掌握车工的基本知识和操作技巧，更加重要的是，帮助读者掌握一种学习方法，在学习的过程中不断思考如何学得快、学得好！

1.3 绘制思维导图的情景设置

说起思维导图，相信很多人并不陌生，而且思维导图已经应用在中小学基础学科的教育中，帮助学生复习各科目的重点内容、组织串联各考试要点，以帮助提高学生的记忆和理解能力。

笔者向大家介绍的思维导图主要基于本书的组织结构而绘制的，读者可以透过思维导图的绘制过程了解本书的组织结构。这样在后续的学习中，读者可以有的放矢，事先了解哪里是学习的重点和难点问题，做到"手中有粮，心中不慌"，这样在学习过程中，当你遇到各种各样的问题可以从容应对。这个学习方法非常适合自学车工技术的初学者来使用。

为了加深印象，我们先设定一个工作场景。假设你从来没有接触过车床（具备看懂零件图的能力），而现在你面前有一台普通车床、几把车刀、几根棒料和一张零件图，要求你在最短的时间内按照图纸上的要求把零件加工出来，如图1.1所示。

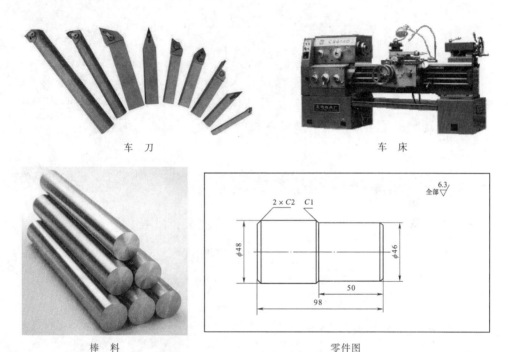

图1.1　材料、刀具、加工设备和零件图

这里我们暂不考虑最短时间的限制。既然你的面前已经摆放了车床、刀具、工件等物件，那么我们的车工技术学习之旅就从这些眼见为实的工具和设备开始学起。

1.4　要了解车床的基本概念

好，我们开始绘制学习本书的思维导图。

我们先了解车床的工作原理，如图1.2所示。车床是如何工作的？车削运动所形成的表面是如何定义的？车削用量有哪些内容？车工的加工范围是什么？

这几个问题读者看完书后要会用自己的语言讲出来，而不能死记硬背书上的概念。

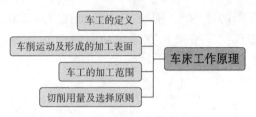

图1.2　车床的工作原理

另外，为了保证加工过程中操作者人身安全和设备的安全，读者务必要熟悉车工安全规程和文明生产的具体内容。特别是安全注意事项，里面的每一条规定都是用血淋淋的教训获得的，千万不能疏忽大意。

1.5　车床操作的基本方法

现在我们就要正式学习操作车床的基本方法了，如图1.3所示。

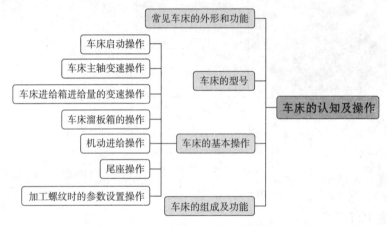

图1.3　车床的认知及操作

车床家族的成员众多，了解不同种类车床的特性，可帮助读者建立一个较为完整的车床概念。每个人都有自己的名字，车床也不例外，了解车床的型号是必须要掌握的内容。车床的组成和功能也许读者在短时间里记不住，不要着急，这些名词在后面的学习中会经常用到，在实践过程中多重复几次就慢慢记住了。

车床操作的步骤要反复练习，才能掌握。车床的启动和停机操作、主轴的变速操作、进给量的变速操作、溜板箱的操作以及尾座的操作，这些内容都是车床的基础技能操作，初学者必须要熟练掌握。螺纹加工的参数设置和机动进给操作这两项内容在加工过程中会经常遇到，因此也要熟练掌握。

1.6　车削加工刀具——车刀

车刀的种类很多，每一类车刀都有适当的使用场合。车刀的牌号、材料属于要了解的内容。刀具的切削部分必须具有合理的几何形状，否则无法加工出合格的产品。车刀的角度就是用来确定刀具切削部分几何形状的重要参数，可见正确理解和掌握车刀的角度是多么重要。但是，对于初学者来说，学习车刀角度的过程往往不是很轻松，需要有很大的耐心和持久的毅力。一开始初学者理解不了各车刀参数的含义没有关系，在实际加工中去体会车刀角度的实际意义，印象会更加深刻。只有真正在实际工作中遇到问题了，利用车刀角度的知识解决了问题，才有可能对车刀角度在加工中的作用有深切的认识。要学会在加工实践中去消化和升华车刀角度的知识。不要一开始就被困难吓倒了！

学习车刀的关键要素见图1.4。

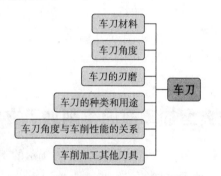

图1.4　学习车刀的关键要素

刃磨车刀对于理解车刀角度很有帮助，这也是每一位车工必备基本功。注意观察书中车刀刀具图片的角度，在实践中仔细体会。

孔加工经常在车削加工中遇到，所以除了车刀以外，车工也要了解一些孔加工刀具的特性和使用方法。

1.7　车床夹具及工件找正方法

工件不能直接夹持在机床上，而是通过一个重要的专用工具来把工件和机床连接起来，这个部件就是夹具。

车床夹具一般分为两大类，即通用夹具和专用夹具。通用夹具是指能够装夹两种或两种以上工件的夹具。例如三爪自定心卡盘、四爪单动卡盘、花盘、心轴等。专用夹具是专门为加工某一特定工件的某一工序而设计的夹具。按夹具元件组合的特点，专用夹具又可分为不能重新组合的夹具和能重新组合的夹具，后者称为组合卡具。

学习夹具知识，重点要掌握夹具的结构和特点、夹具的安装和拆卸方法，学习要点内容如图1.5所示。

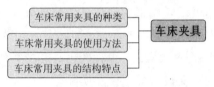

图1.5　车床夹具的学习要点

车床上常见的夹具附件如顶尖、中心架、跟刀架等，都是车床上经常使用的工具，所以初学者一方面要了解它们的结构，另一方面要重点掌握它们的使用方法。

工件装夹在车床上，不能立即进行加工操作。为了保证加工的质量和精度，在加工之前必须对工件装夹进行找正。这一步骤非常关键，初学者务必要掌握零件的装夹方法和找正的方法。

1.8　各类典型加工面的车削加工方法

现在我们回到最初设置的情景问题，零件图所示的工件是一个典型的轴类零件，所以，只要按照轴类零件加工的步骤去加工零件，就可以完成任务了。

本书主要介绍了轴类、套类、圆锥面、成形面以及螺纹的车削加工步骤和方法，如图1.6所示。我们怎么做才能又快又好地学会这些典型加工零件的车削加工方法和技巧呢？

第一步，初步了解基本概念和加工实例的操作步骤，遇到不懂的地方先不要停下。用记号笔记下来，然后继续往下学。对一个典型的加工实例的加工步骤要有一个完整、清晰的认识。

第二步，回想和复述。现在把书合上，把刚才在书上看到的典型实例的加工步骤用自己的话一步一步写出来，不必要求跟书的内容完全一致，同时画出加工步骤的简图。中间若有步骤如果想不起来，没有关系，先空着，继续往下写，把回忆起来的内容全部写下来。

然后，打开书进行比对。更正错误的内容，补充上缺少的内容。这个过程反复几次。直到自己可以非常熟练地把加工步骤用自己的话写出来，并配上说明草图。

最后，闭上眼睛，按照零件加工步骤的顺序，去想象一幅一幅地加工场景的真实画面。如果这项工作你能够轻松地完成了，那么你可以去实际操作车床，来进一步获得真实的加工经验了。

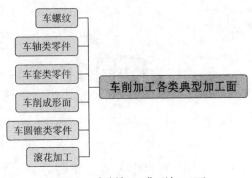

图 1.6　车削加工典型加工面

1.9　车削加工常用量具的使用方法

本书的最后章节主要介绍车削加工中常用量具的使用方法。量具的作用是为了保证产品质量。生产的每一个零件都必须根据图纸上规定的公差要求来制造，检查产品的质量仅仅依靠人的感觉器官或简单的直尺是很不够的，必须借助有一定精度的量具来测量。学习量具知识时要注意不同种类量具的精度、使用范围以及使用时的注意事项。掌握好量具的使用方法是车工的基本技能之一。

1.10　车工技术理论的学习方法

车工技术是一门具有很强实践性的技术，所以，理论结合实践才能把这门技术学好、学透彻。学车工技术跟学车的过程类似，一开始先了解基本概念，基本方法和步骤，然后就要大量地实践操作。只有在实践中才能深刻理解各种名词术语、基本概念等理论知识的含义。所以，在学习车工技术理论知识时，要学会用自己的语言去描述概念，不能死记硬背书上的概念。学习或工作中遇到问题了，要会利用身边的各种车工加工手册或技术资料，会查找、会阅读材料，或向有实际加工经验的老师傅请教。在不断解决问题的学习过程中逐步提升自己的车工理论知识水平。

车工的学习大门已经向各位读者开启，祝大家学习旅途愉快！

第 2 章 车工简介

车工是机械加工中最为常见的、也是利用率最高的工种。为了使学习更有目的性和针对性，我们绘制出学习本章主要内容的思维导图。下面我们将随着图 2.1 所示的思维导图而展开学习车工知识的旅程。

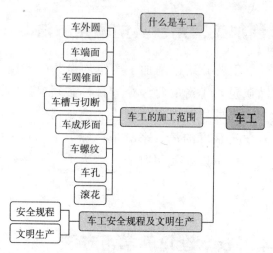

图 2.1 学习本章知识要点的思维导图

2.1 什么是车工

车工是用车床加工的一种方法，也可解释为操作车床的工人。

图 2.2 所示为中国人民银行 1960 年发行的贰圆人民币的图案即为车工操作车床的场面。图 2.3～图 2.5 所展示的汽车轮毂回转体部分、导弹导流罩和自行车车轴等形状均为车床加工的产品。

图2.2　1960年中国人民银行发行的贰圆人民币的图案
（画面中车工正在利用卡钳测量轴类零件的直径尺寸）

图2.3　汽车轮毂

图2.4　导弹导流罩

图2.5　自行车车轴

2.2　车工的加工范围

　　车工主要用于加工各种回转体表面，如外圆柱面，外圆锥面，成形回转表面及端面等，此外车工还能加工各种螺纹。若使用孔加工刀具（如钻头、铰刀和内孔车刀等），还可加工各种内圆表面。表 2.1 所示为车削加工范围及产品图例。

表 2.1　车削加工范围及产品图例

	车削内容	车削方法	产品
1	车外圆	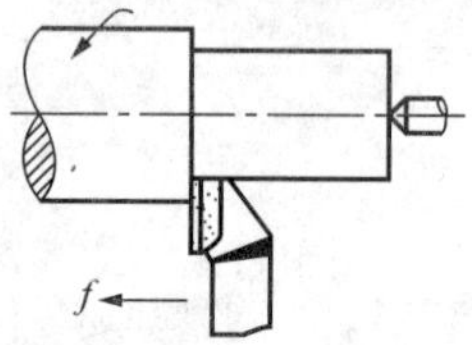	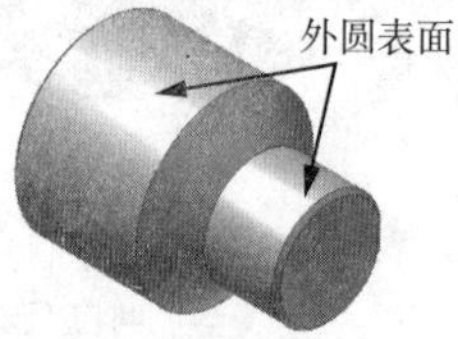 外圆表面
2	车端面	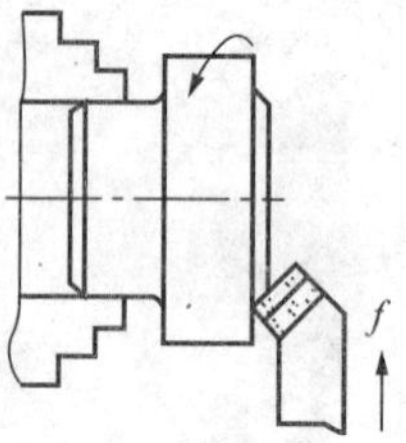	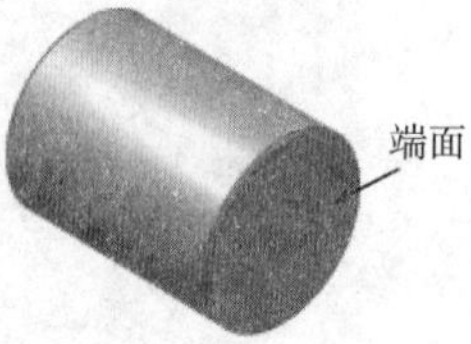 端面
3	车圆锥面	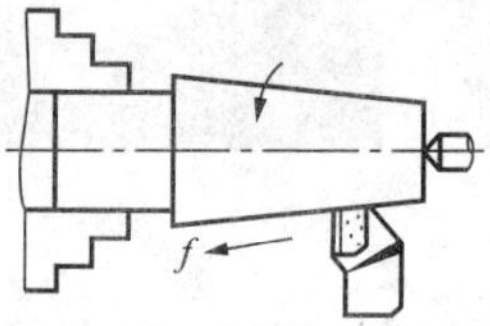	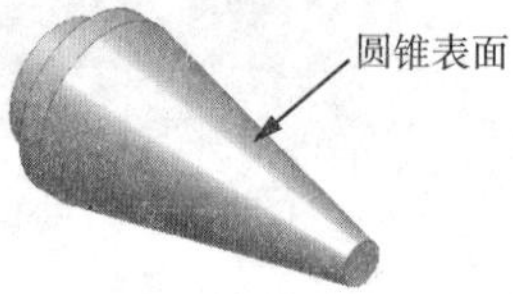 圆锥表面
4	车槽与切断	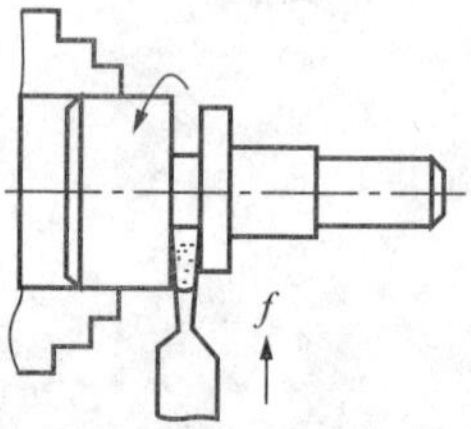	
5	车成形面	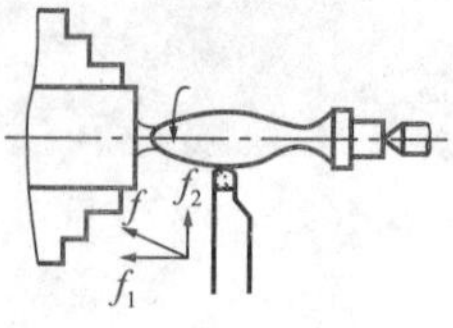	 成形表面
6	车螺纹	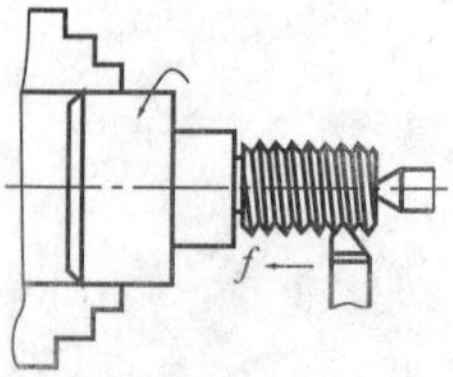	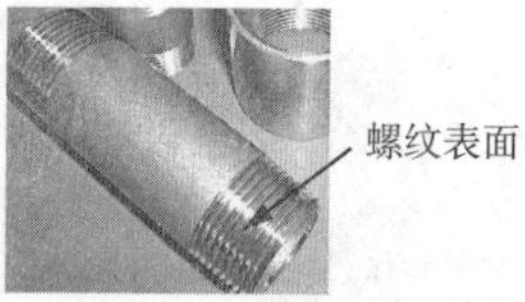 螺纹表面

续表 2.1

	车削内容	车削方法	产品
7	钻中心孔	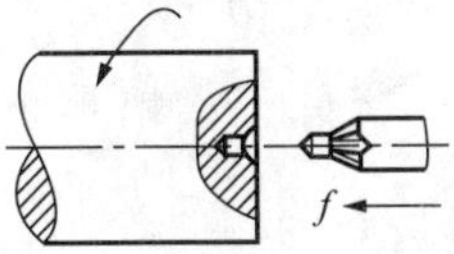	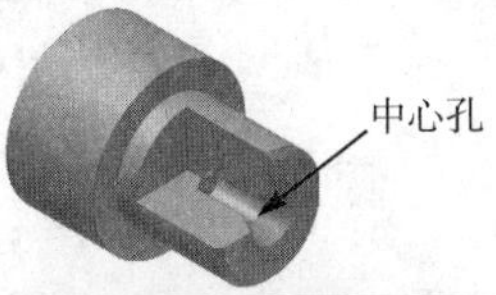 中心孔
8	钻孔	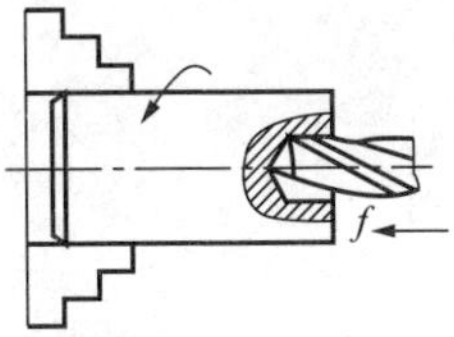	
9	铰孔	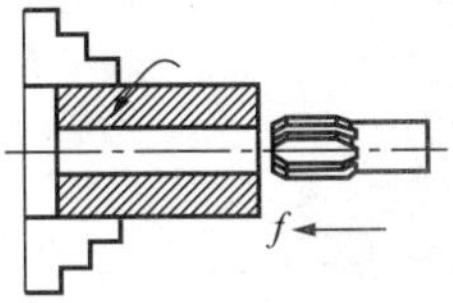	
10	镗孔	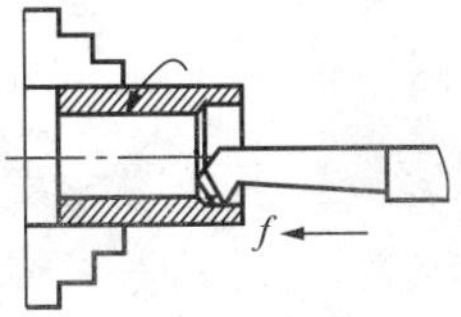	
11	滚花	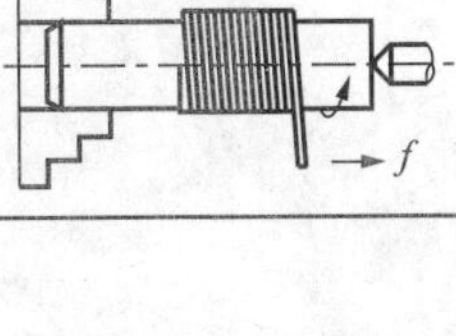	 滚花
12	盘绕弹簧	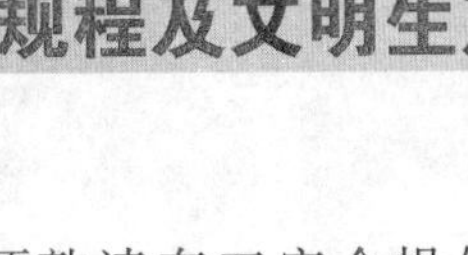	弹簧

2.3 车工安全规程及文明生产

2.3.1 安全规则

在操作机床之前，必须熟读车工安全操作规程，并进行安全文明生产的培训，这是保障生产人员和设备安全的必要的途径，同时也是企业科学化管理的一项十分重要的措施。

不同的企业车工安全操作规程可能不尽相同,但主要内容是一致的。下面列举比较重要的条款供操作者牢记。

(1)工作时应穿好工作服,戴好工作帽和防护眼镜。工作服的穿着应做到"三紧",即领口紧、袖口紧、下摆紧。女职工必须带上工作帽,将长发或辫子纳入帽内。操作车床时不允许戴手套。图2.6所示为工作服穿着要领。

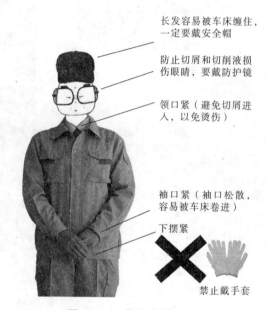

图2.6 工作服穿着要领

(2)操作时必须集中精力,手和身体不能靠近正在旋转的工件或车床部位,如卡盘等。图2.7为操作时应避开的区域。

(a)正确的工作位置

(b)不正确的工作位置

图2.7 操作机床时应避开的区域

（3）装卸工件、装夹刀具、测量工件和车床变换转速之前必须停止主轴转动，工件必须装夹牢固可靠，卡盘扳手夹紧工件后必须从卡盘上取下，以免开车时飞出伤人（图2.8）。

（4）当主轴电机切断运动输入后，不得用手握住工件来制动依靠惯性旋转的主轴，禁止测量正在旋转的工件表面。

（5）不允许戴手套操作机床。

（6）禁止用手或量具来清理切屑，切屑应用专用的铁钩清理。图2.9所示为清理切屑不当的操作。

图2.8 卡盘扳手的安全放置位置

图2.9 不允许用量具清理切屑

（7）切断大料时，应留有足够余量，卸下砸断，以免切断时大料掉下伤人。小料切断时，不准用手接。

（8）加工工作结束后应关掉机床电源，清理切屑，擦净机床各部位的油污，机床各运动部件归位。

（9）出现事故时应及时断电（图2.10）。

图2.10 出现事故时应及时断电

2.3.2 文明生产

（1）车床开动之前，检查车床各操作手柄位置是否正确，并按图示检查各部件润滑情况，按要求注入一定量的润滑油。低速空运行主轴 2~3 min（min 为分钟的单位符号），等待车床运转正常后才能工作。图 2.11 所示为 CA6140 普通卧式车床润滑指示图。

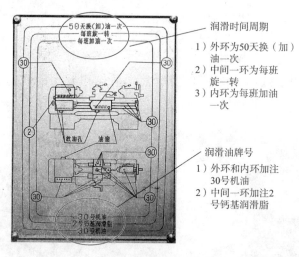

图 2.11　CA6140 普通卧式车床润滑指示图

润滑油分为机油和润滑脂两种，而机油的注入方法也分为两种方式。图 2.12（a）、图 2.12（b）所示为机油的不同注入方式。

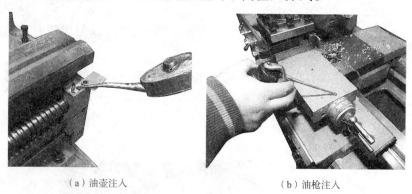

图 2.12　机油的注入方式

（2）合理摆放好工具、量具、夹具和刀具，轻拿轻放，用后保持清洁上油，确保精度。

（3）工作完毕后，将所有用过的物件归位；清理机床、刷去切屑、擦净车床各部位的油污。

（4）工作完毕后，将床鞍摇至机床床尾一端，各操作手柄恢复原位，关闭电源。

第 3 章 车床的认知及操作

车床的种类很多，结构也各不相同，为了方便大家更快、更高效地了解车床的基本结构和基础操作，我们绘制了本章的思维导图，如图 3.1 所示。

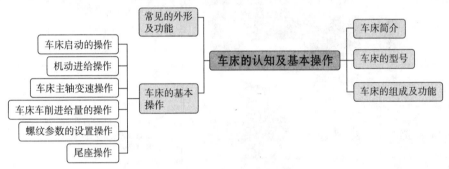

图 3.1　学习本章知识要点的思维导图

3.1　车床简介

车床主要用于车削加工，根据加工零件类型的不同，车床按其用途和结构主要可分为下列几类：卧式车床、立式车床、六角车床、多刀半自动车床、仿形车床及仿形半自动车床、单轴自动车床、多轴自动车床及多轴半自动车床等。表 3.1 列举了一些常见车床的外形及功能。

表 3.1　常见车床的外形图及功能

车床名称	外　形	说　明
单机仪表车床		结构简单、只有一个床体，要另配电机才可使用。生产效率高、成本低廉、适用于加工一些尺寸小、精度一般的零件

续表 3.1

车床名称	外 形	说 明
整机仪表车床	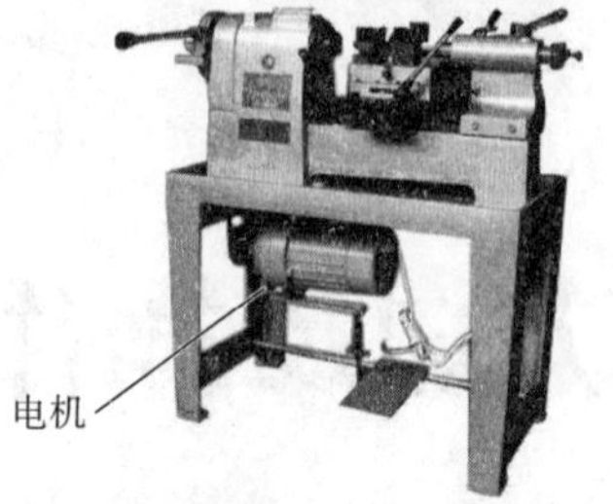	结构简单、比单机仪表车床多一个电机，可直接使用； 生产效率高、成本低廉，适用于加工一些尺寸小、精度一般的零件
普通卧式车床	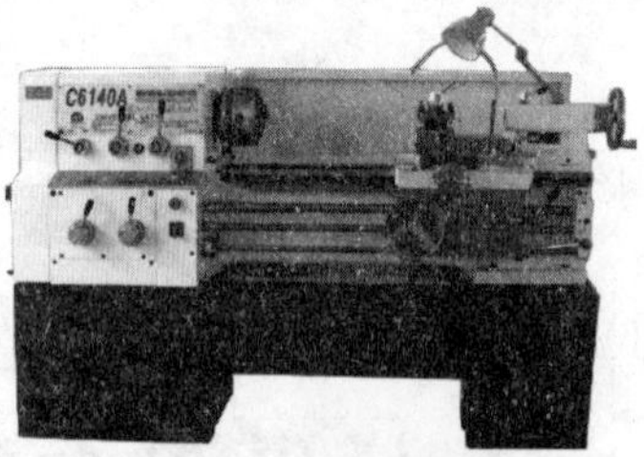	应用范围广，主要用于生产单件、小批量的轴类和盘类零件
单立柱立式车床	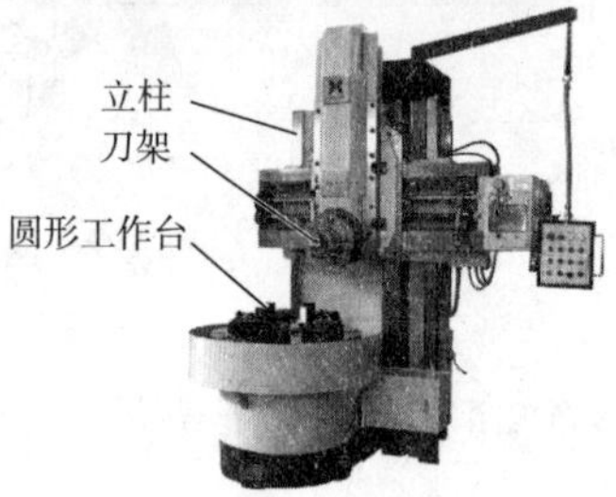	单立柱、主轴垂直布局，圆形工作台水平放置，适用于加工直径较大而轴向尺寸相对较小的零件
双立柱立式车床	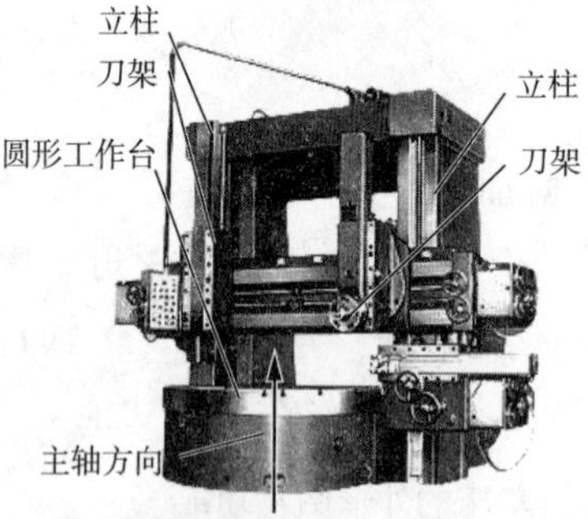	双立柱、主轴垂直布局，圆形工作台水平放置，适用于加工直径较大而轴向尺寸相对较小的大型和重型零件
重型立式车床		双立柱、主轴垂直布局，圆形工作台水平放置且直径较大，适用于加工直径较大的大型和重型零件，零件直径可达数十米

续表 3.1

车床名称	外 形	说 明
落地式车床		专门为某一类零件加工需要而设计制造或改装而成的，零件的加工具有一定的单一性
仿形车床		仿照模型进行车削加工的车床，可以高效率加工形状复杂的零件，适合批量生产
单轴纵切自动车床		自动车床能够自动完成一定的加工循环，生产效率较高，适用于加工大批量生产尺寸较小、精度较高的汽车零件和仪表零件
六角车床		机床无尾座，具有可绕垂直轴转位的六角转位刀架，通常刀架只能作纵向进给运动
数控车床	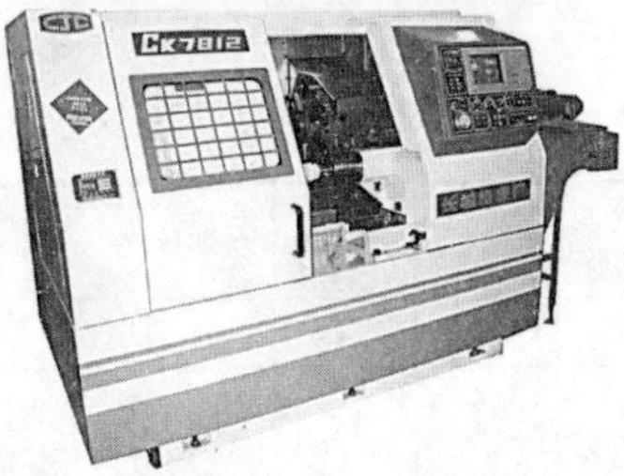	按数字指令控制进行加工的车床。精度高、加工效率极高。适用于换型频繁、生产周期短、形状复杂的回转体零件

续表 3.1

车床名称	外 形	说 明
车削中心		按数字指令控制同时可以进行车削加工和铣削的机床。精度高、加工效率极高。适用于换型频繁、生产周期短、形状复杂的零件

3.2 车床的型号

机床的名称往往比较长，书写和称呼都不方便。如果按照一定的规定赋予每种机床一个代号（即型号），就会使管理和使用机床方便得多。现在我国的机床型号的编制方法是按照 2008 年国家颁布的 GB/T 15375—2008《金属切削机床型号编制方法》来编制的。GB/T 15375—2008 规定，采用汉语拼音字母和阿拉伯数字结合的方式来表示机床型号。

车床的型号不仅是一个代号，而且能表示出机床的名称、主要技术参数、性能和结构特点。CA6140 型普通卧式车床的型号中各代号的含义如下。

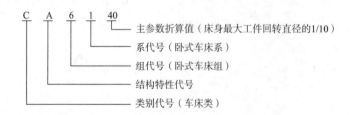

1. 机床类别代号

类别代号是以机床名称的第一个字的汉语拼音的第一个字母的大写来表示的。如 CA6140 中的"C"代表车（che）床。GB/T 15375—2008 中其他机床的类别代号见表 3.2。

表 3.2 机床类别代号

类 别	车床	钻床	镗床	磨床	齿轮加工机床	螺纹加工机床	铣床	刨插床	拉床	电加工机床	切断机床	其他机床
代号	C	Z	T	M	Y	S	X	B	L	D	G	Q
参考读音	车	钻	镗	磨	牙	丝	铣	刨	拉	电	割	其

2. 通用特性代号

当某类型机床，除有普通型式外，还具有如表3.3中所开列的各种通用特性时，则在类别代号的后面加上相应的特性代号，如CM6132型精密普通车床型号中的"M"表示"精密"。

表3.3 机床通用特性代号

通用特性	高精度	精密	自动	半自动	数控	加工中心	仿形	轻型	加重型	简式和经济型	柔性加工单元	数显	高速
代号	G	M	Z	B	K	H	F	Q	C	J	R	X	S
参考读音	高	密	自	半	控	换	仿	轻	重	简	柔	显	速

3. 结构特性代号

为了区别主参数相同而结构不同的机床，在型号中用汉语拼音字母区分。如CA6140型普通车床型号中的"A"，可理解为CA6140型普通车床在结构上区别于C6140型及CY6140型普通车床。

4. 组代号

机床的组代号用一位阿拉伯数字表示，位于类代号，或通用特性代号、结构代号之后。每类机床按用途、性能、结构或由派生关系分为若干组。每类机床分为10个组。如CA6140型普通车床型号中的"6"代表落地及普通车床。

5. 系代号

在机床的组代号中，每组又分为10个系，用一位阿拉伯数字表示，位于组代号之后。如CA6140型普通车床型号中的"1"代表落地及普通车床中的卧式车床。表3.4为车床组、系代号的划分。

表3.4 车床的组、系划分表

组		系		组		系	
代号	名称	代号	名称	代号	名称	代号	名称
0	仪表车床	0		1	单相自动车床	0	主轴箱固定型自动车床
		1				1	单轴纵切自动车床
		2				2	单轴横切自动车床
		3	转塔车床			3	单轴转塔自动车床
		4	卡盘车床			4	
		5	精整车床			5	
		6	卧式车床			6	
		7				7	
		8	轴车床			8	
		9				9	

续表 3.4

组代号	组名称	系代号	系名称	组代号	组名称	系代号	系名称
2	多轴自动半自动车床	0	多轴平行作业棒料自动车床	3	回轮、转塔车床	0	回轮车床
		1	多轴棒料自动车床			1	滑鞍转塔车床
		2	多轴卡盘自动车床			2	
		3				3	滑枕转塔车床
		4	多轴可调棒料自动车床			4	
		5	多轴可调卡盘自动车床			5	横移转塔车床
		6	立式多轴半自动车床			6	
		7	立式多轴平行作业半自动车床			7	立式转塔车床
		8				8	
		9					
4	曲轴及凸轮轴车床	0	旋风切削曲轴车床	5	立式车床	0	
		1	曲轴车床			1	单柱立式车床
		2	曲轴主轴颈车床			2	双柱立式车床
		3	轴颈车床			3	单柱移动立式车床
		4	曲轴连杆			4	双柱移动立式车床
		5	多刀凸轮轴车床			5	工作台移动单柱立式车床
		6	凸轮轴车床			6	
		7	凸轮轴中轴颈车床			7	定梁单柱立式车床
		8	凸轮轴端轴颈车床			8	定梁双柱立式车床
		9	凸轮轴凸轮车床			9	
6	落地及卧式车床	0	落地车床	7	仿形及多刀车床	0	转塔仿形车床
		1	卧式车床			1	仿形车床
		2	马鞍车床			2	卡盘仿形车床
		3	轴车床			3	立式仿形车床
		4	卡盘车床			4	转塔卡盘多刀车床
		5	球面车床			5	多刀车床
		6				6	卡盘多刀车床
		7				7	立式多刀车床
		8				8	
		9					
8	轮轴辊及铲齿车床	0	车轮车床	9	其他车床	0	落地镗车床
		1	车轴车床			1	
		2	动轮曲拐销车床			2	单轴半自动车床
		3	轴颈车床			3	
		4	轧辊车床			4	
		5	钢锭车床			5	
		6				6	
		7	立式车轮车床			7	活塞环车床
		8	铲齿车床			8	钢锭模车床
		9	铲齿车床			9	

6. 主要参数代号

主要参数是代表机床规格大小的一种参数，用阿拉伯数字来表示。通常用主参数的折算系数（$\frac{1}{10}$ 或 $\frac{1}{100}$）来表示。表 3.5 所示为常用车床的主参数和折算系数。如 CA6140 型普通车床型号中的"40"代表床身上工件最大回转直径为 400mm。

表 3.5　常用车床主参数和折算系数

车床	主参数		车床	主参数	
	参数名称	折算系数		参数名称	折算系数
单轴自动车床	最大棒料直径	1	单轴及双柱立式车床	最大车削直径	1/100
多轴自动车床	最大棒料直径	1	落地车床	最大回转直径	1/100
多轴半自动车床	最大车削直径	1/10	卧式车床	床身上最大回转直径	1/10
回轮式车床	最大棒料直径	1	铲齿车床	最大工件直径	1/10
转塔车床	最大车削直径	1/10			

3.3　车床的组成及功能

在众多的车床当中，CA6140 型普通卧式车床是最为常见的。本章以该车床为例，介绍普通卧式车床的组成及功能。

3.3.1　CA6140 型普通卧式车床的主要技术规格

CA6140 型普通卧式车床是应用最为广泛的车床之一，其主要技术规格如表 3.6 所示。

表 3.6　CA6140 型普通卧式车床主要技术规格

项　目		技术规格
床身上工件最大回转直径		400mm
中溜板上工件最大回转直径		210mm
最大工件长度（4 种）		750mm，1000mm，1500mm，2000mm
最大纵向行程		650mm，900mm，1400mm，1900mm
中心高（主轴中心到床身平面导轨距离）		205mm
主轴内孔直径		48mm
主轴转速	正转（24 级）	10～1400 r/min
	反转（12 级）	14～1580 r/min

续表 3.6

项　目		技术规格
车削螺纹的范围	米制螺纹（44 种）	1~192mm
	英制螺纹（20 种）	2~24 牙/英寸
	米制蜗杆（39 种）	0.25~48mm
	英制蜗杆（37 种）	1~96 牙/英寸
机动进给量	纵向进给量（64 种）	0.028~6.33mm/r
	横向进给量（64 种）	0.014~3.16mm/r
床鞍纵向快速移动速度		4 m/min
中溜板横向快速移动速度		2 m/min
主电动机功率、转速		7.5 kW、1450 r/min
快速移动电动机功率、转速		0.25kW、2800 r/min
机床工作精度	精车外圆的圆度	0.01mm
	精车外圆的圆柱度	0.01mm/100mm
	精车端面平面度	0.02mm/400mm
	精车螺纹的螺距精度	0.04mm/100mm，0.06mm/300mm
	精车表面粗糙度	Ra（0.8~1.6）μm

3.3.2　CA6140 型普通卧式车床的组成及功能

图 3.2 所示为 CA6140 型普通卧式车床外形图。机床主要组成部件如下：

（1）主轴箱。它固定在床身的左端。装在主轴箱中的主轴，通过夹盘等夹具，装夹工件。主轴箱的功能是支撑并传动主轴，使主轴带动工件按照规定的转速旋转。

（2）床鞍和刀架部件。它位于床身的中部，并可沿床身上的刀架导轨作纵向移动。刀架部件位于床鞍上，其功能是装夹车刀，并使车刀作纵向、横向或斜向运动。

（3）尾座。它位于床身的尾座导轨上，并可沿导轨纵向调整位置。尾座的功能是用后顶尖支撑工件。在尾座上还可以安装钻头等孔加工刀具，以进行孔加工。

（4）进给箱。它固定在床身的左前侧，主轴箱的底部。其功能是改变被加工螺纹的螺距或机动进给的进给量。

（5）溜板箱。它固定在刃架部件的底部，可带动刀架一起作纵向、横向进给、快速移动或螺纹。在溜板箱上装有各种操作手柄及按钮,工作时工人可以方便地操作机床。

（6）床身。床身固定在左床腿和右床腿上。床身是机床的基本支撑件。在床身上安装着车床的各个主要部件,工作时床身使它们保持准确的相对位置。

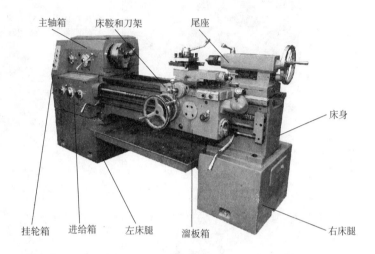

图 3.2　CA6140 型普通卧式车床外形图

3.4　车床的基本操作

3.4.1　车床启动的操作步骤

车床在启动时的基本操作步骤如表 3.7 所示。

表 3.7　车床的基本操作步骤

操作步骤	图　例	操作说明
检查		检查车床各变速手柄是否处于正确位置： 1）主轴箱手柄是否处在设定的挡位上； 2）进给箱手柄是否处在设定的挡位上； 3）溜板箱手柄是否处在设定的挡位上； 4）离合器操作杆是否处在中间位置

续表 3.7

操作步骤	图 例	操作说明
引入动力电		打开机床总电源,顺时针旋动开关至水平位置(机床进给箱的背面)
安装工件	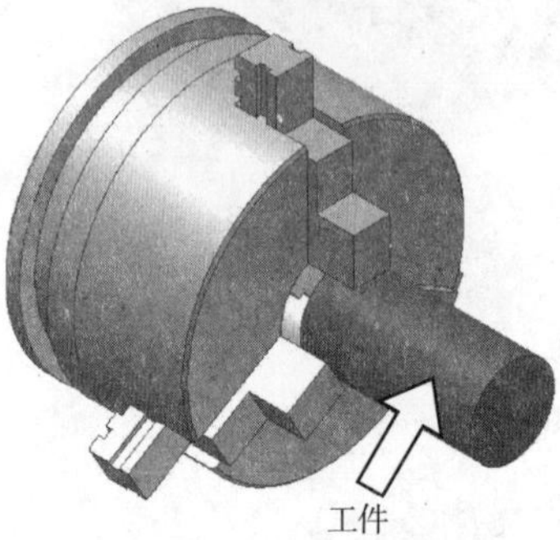	安装准备加工的工件(具体安装找正,在后面章节叙述)
机床启动	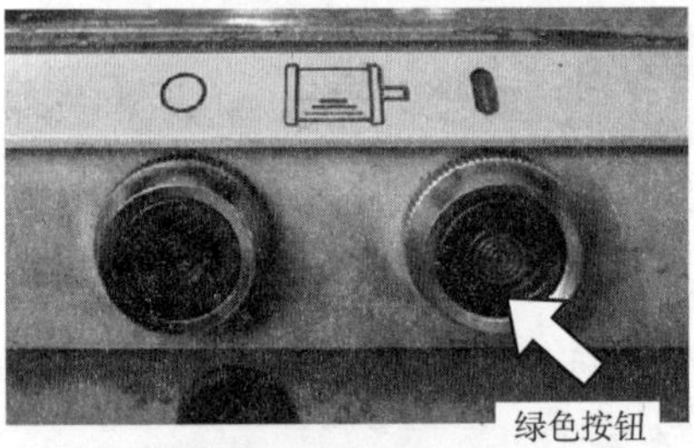	按下车床主轴电机启动按钮(绿色按钮),车床主电机开始工作
正 转		向上提起离合器操纵杆至上位(最上面的位置),主轴(卡盘)正转

3.4 车床的基本操作　25

续表 3.7

操作步骤	图　例	操作说明
停　车		向下按下离合器操纵杆至中位，主轴（卡盘带动工件）停止转动
反　转		向下按下离合器操纵杆至下位（最下面的位置），主轴（卡盘）反转
机床断电	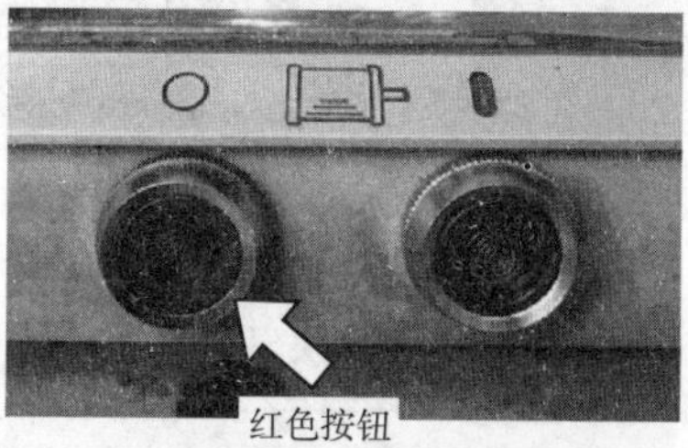 红色按钮	当机床主轴处于停滞状态时，按下车床主轴电机停止按钮（红色按钮），车床主电机停止工作
切断动力电		关闭机床总电源，逆时针旋动开关至垂直位置（机床进给箱的背面）

3.4.2 车床主轴变速操作

CA6140型普通卧式车床的主轴共有24级转速,分为高速、中速和低速三档,单位为r/min(转/分)。表3.8所示为转速盘的速度分配表。

表3.8 转速盘速度分配表

速度分区	标记	速度/(r/min)
高 速	红色	9、11、14、18、22、28、35、45
中 速	黄色	55、70、85、105、132、170、210、260
低 速	蓝色	320、400、500、630、800、1000、1250、1600

主轴变速手柄共有两个,短手柄(外侧)指示实际转速,长手柄(内侧)指示高、中、低和空挡位置。主轴24级转速可由上述两手柄组合而成。图3.3所示为主轴箱主轴转速变换盘的外形图,表3.9为手柄组合数据。

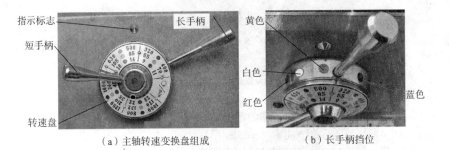

(a)主轴转速变换盘组成　　　(b)长手柄挡位

图3.3 主轴箱主轴转速变换盘外形图

表3.9 主轴箱主轴转速变换表　　　　　(单位:r/min)

手柄/组		短手柄(顺时针旋转)							
		1	2	3	4	5	6	7	8
长手柄	高速(红色)	1000	800	1250	1600	630	500	320	400
	空挡(白色)	0							
	中速(黄色)	170	132	210	260	105	85	55	70
	低速(蓝色)	28	22	35	45	18	14	9	11

【实例3.1】调整主轴箱变速手柄,使主轴转速为500r/min。

表3.10所示为选择主轴转速为500r/min时的操作过程。

表 3.10　选择主轴转速为 500r/min 时的操作过程

操作步骤	图例	操作说明
操作前主轴速度盘的原始位置	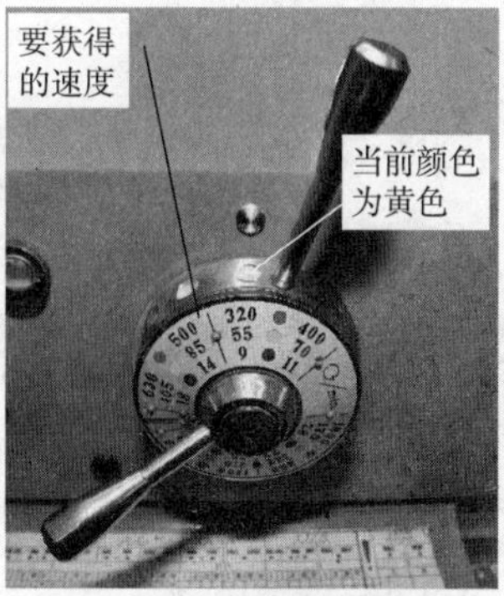	转速盘原始位置为 55r/min：①速度盘上的中速挡（黄色）对准指示标记；②把速度盘上 55r/min 对准指示标记
选择高速挡	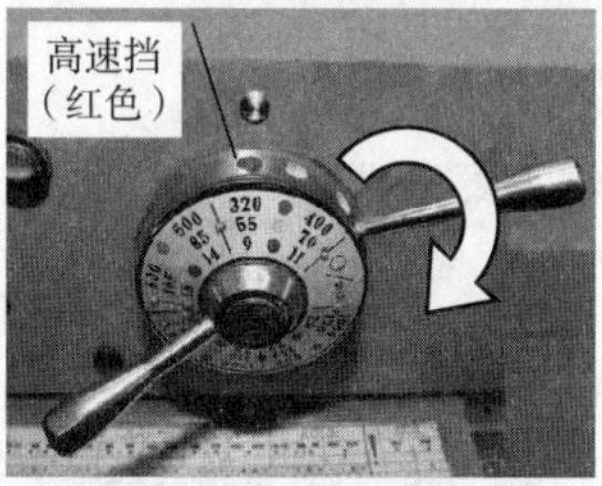	顺时针方向转动内侧长手柄，使高速挡（红色）对准指示标记
确定转速		顺时针方向转动外侧短手柄，将速度盘上的 500r/min 对准指示标记

3.4.3　车床进给箱的变速操作

1. 车削进给量的变速操作

车削加工时，零件表面质量的优劣，在很大程度上取决于工件每转一转，刀具向切削方向移动的距离，即所说的进给量，单位为 mm/r（毫米/转）。

图 3.4 所示为车床进给箱各外操作手柄的外形图。进给箱表面共有三个控制盘，每个控制盘上各有一个手柄。图 3.4（a）为切削方式调整手柄外形图，共有 t、n、ㄎ、np 和 m 5 个挡位；图 3.4（b）为基本组调整手柄外形图，共有 15 个挡位；图 3.4（c）为增倍机构调整手柄外形图，共有 A、B、C、D、Ⅰ、Ⅱ、Ⅲ和Ⅳ 8 个挡位。调整进给量时三个手柄要配合

使用，才能得到所需的进给量。

进给箱上方配有车床进给箱参数调配表，其外形如图3.5所示，图3.6所示为车床进给量参数调配表。

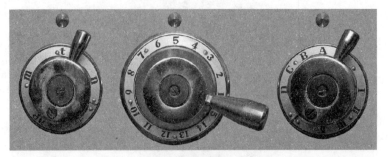

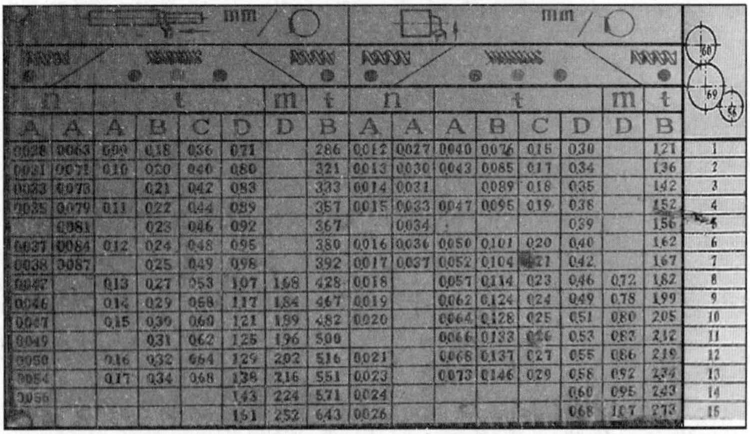

（a）切削方式调整手柄 （b）基本组调整手柄 （c）增倍机构调整手柄

图3.4 车床进给箱各外操作手柄的外形图

图3.5 车床进给箱参数调配表

n		t				m	t	n		t				m	t	
A	A	A	B	C	D	D	B	A	A	A	B	C	D	D	B	
0028	0063	090	018	036	071		286	0012	0027	0040	0076	015	030		121	1
0031	0071	010	020	040	080		321	0013	0030	0043	0085	017	034		136	2
0033	0073		021	042	083		333	0014	0031		0089	018	035		142	3
0035	0079	011	022	044	089		357	0015	0033	0047	0095	019	038		152	4
	0081		023	046	092		367		0034				039		156	5
0037	0084	012	024	048	095		380	0016	0036	0050	0101	020	040		162	6
0038	3087		025	049	098		392	0017	0037	0052	0104	021	042		167	7
0042		013	027	053	107	168	428	0018		0057	0114	023	046	072	182	8
0046		014	029	058	117	184	467	0019		0062	0124	024	049	078	199	9
0047		015	030	060	121	189	482	0020		0064	0128	025	051	080	205	10
0049			031	062	125	196	500			0066	0133	026	053	083	212	11
0050		016	032	064	129	202	516	0021		0068	0137	027	055	086	219	12
0054		017	034	068	138	216	551	0023		0073	0146	029	058	092	234	13
0056					143	224	571	0024					060	095	243	14
					151	252	643	0026					068	107	273	15

图3.6 车床进给量调配表

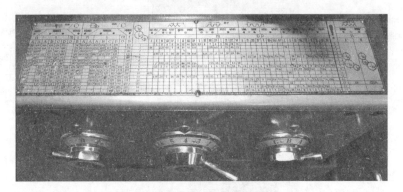

【实例 3.2】调整进给箱，使进给量为 0.062mm /r（毫米 / 转）。

根据图 3.4 和图 3.6 所示，当要选择进给量为 0.062mm /r 时，可按表 3.11 进行操作。

表 3.11 进给量的变速操作

操作步骤	图 例	操作说明
查位置	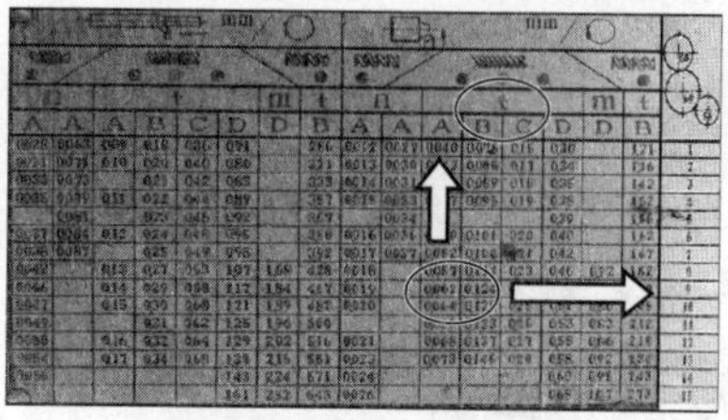	1）查询进给量 0.062 的位置； 2）沿 0.062 位置向上查看第三行的符号为 t； 3）沿 0.062 位置向上查看第四行的符号为 A； 4）沿 0.062 位置向右查看，最右侧的数字为 9
调整切削方式手柄		旋转切削方式手柄，使 t 对准指示标记
调整增倍机构手柄		旋转增倍机构手柄，使 A 对准指示标记
调整基本组手柄		旋转基本组手柄，使 9 对准指示标记

2. 螺纹加工时参数的设置操作

CA6140型普通卧式车床可以加工的螺纹种类有5种：公制螺纹（米制）、英制螺纹、模数螺纹（公制蜗杆）、径节螺纹（英制蜗杆）和非标准螺纹。

在图3.4（a）切削方式调整手轮中，公制螺纹用"t"表示；英制螺纹用"n"表示；模数螺纹用"m"表示；径节螺纹用"Dp"表示；非标准螺纹则用"⊣"表示。图3.7所示为切削方式调整手柄的功能说明。

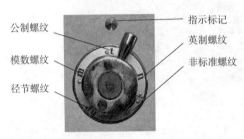

图3.7 螺纹种类调整手柄的功能说明

加工螺纹时，只按图3.7操作还是不够的，因为螺纹有左旋螺纹和右旋螺纹之分。当工件的螺距超过14mm（不包括14mm）时，还需对图3.8左、右旋螺纹和扩大螺距手柄进行操作（该机构在主轴箱的左侧）。图3.9为车床螺纹参数调配表。

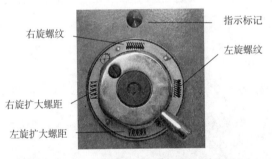

图3.8 左、右旋螺纹和扩大螺距操作手柄

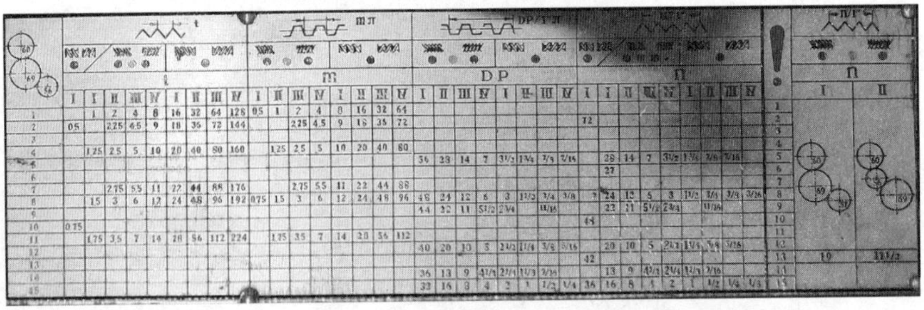

图3.9 车床螺纹参数调配表

左、右螺纹的识别很简单：将螺纹的轴线置于垂直位置，看看螺旋倾斜方向是左高右低，还是右高左低。左高右低为左旋螺纹；右高左低为右旋螺纹。图 3.10 所示为左、右螺纹的识别示意图。

图 3.10　左、右螺纹的识别示意图

【实例 3.3】调整进给箱，使螺距为公制 M2.5mm。

根据图 3.7、图 3.8 和图 3.9 所示，当要选择加工螺距为 M2.5mm 的螺纹时，可按表 3.12 进行操作。

表 3.12　车床螺纹参数调配表

操作步骤	图　例	操作说明
查位置		1）查询螺距为 2.5 的位置，位置为 t、Ⅱ、4； 2）车床挂轮：$\dfrac{60}{69} \times \dfrac{69}{56}$； 3）加工螺距为 2.5mm 的螺纹时，主轴采用高速挡、中速挡和低速挡均可。注意图中 4 位置处的颜色标记； 4）若不特殊说明，M2.5mm 应为右旋
调整切削方式手柄		旋转调整切削方式手柄，使 t 对准指示标记

续表 3.12

操作步骤	图例	操作说明
调整增倍机构手柄		旋转增倍机构手柄,使Ⅱ对准指示标记
调整基本组手柄		旋转基本组手柄,使4对准指示标记
调整左、右旋螺纹和扩大螺距手柄		旋转左、右旋螺纹和扩大螺距手柄,使 ▨▨▨ 对准指示标记

3.4.4 车床溜板箱的操作

CA6140 型普通卧式车床溜板箱操作分为:床鞍纵向移动操作、中溜板横向移动操作和小溜板纵向或斜向移动操作。而这些操作又分为手动进给和自动进给两种方式。

在加工螺纹时,还要操作开合螺母进行加工。

图 3.11 所示为溜板箱的外形图。

图 3.11 溜板箱外形图

1. 床鞍纵向手动移动操作

床鞍移动分为两个方向：其一是向主轴箱方向（接近工件方向）移动；其二是向尾座方向（远离工件方向）移动。顺时针摇动纵向操作手轮向机床尾座方向移动；逆时针摇动纵向操作手轮向主轴箱方向移动，操作方法如图 3.12（a）所示。

手轮每转动一圈，床鞍移动 300mm，刻度盘圆周共分为 300 个格，每一格为 1mm。如图 3.12（b）所示。转动手轮圈数较多时，可采用单手操作；转动手轮刻度较少时，可采用双手操作。

（a）纵向操作手轮操作方向

图 3.12 床鞍纵向移动操作

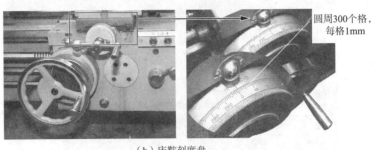

(b)床鞍刻度盘

续图 3.12

注意：当摇动纵向操作手轮至某一刻度而超过时，不能直接回转至该位置。应回转比该刻度多一些的位置，再旋转至该位置（图 3.13）。

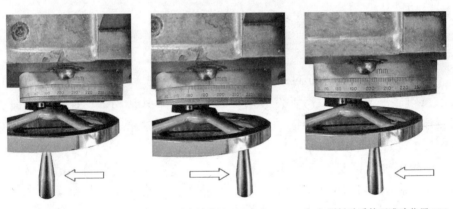

(a)已摇过预订位置 200　　(b)反向摇动至 190 左右　　(c)再摇动手轮至准确位置 200

图 3.13　摇动手轮定位方式

2. 中溜板横向手动移动操作

中溜板移动（横向进给）分为两个方向：一个是远离操作者方向（接近工件方向）；另一个是操作者方向（远离工件方向）。顺时针摇动手轮向远离操作者方向移动；逆时针摇动手轮向操作者方向移动，如图 3.14（a）所示。

手轮每转动一圈，中溜板移动 5mm，刻度盘圆周共分为 100 个格，每一格为 0.05mm，如图 3.14（b）所示。

值得注意的是：刻度盘转动每一个格时，中溜板向前或向后移动 0.05mm（半径），但对于工件直径来说，却是减小或增大了 1mm，这就是回转体加工的特点。图 3.15 为直径与半径关系的示意图。

转动手轮圈数较多时，可采用单手操作；转动手轮刻度较少时，可采用双手操作。

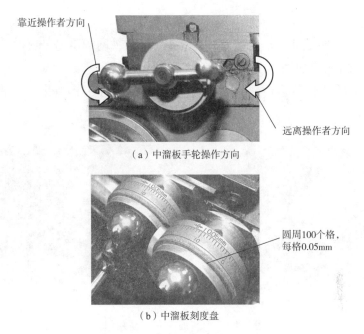

(a)中溜板手轮操作方向

(b)中溜板刻度盘

图 3.14　中溜板横向移动操作

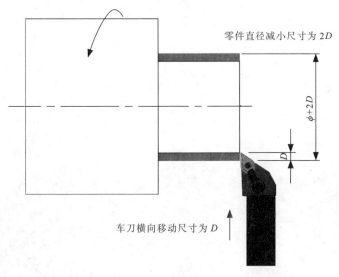

图 3.15　车削中直径与半径关系示意图

3. 小溜板手动移动操作

小溜板移动分为两个方向：顺时针转动手轮向前（主轴箱方向）移动；逆时针转动手轮向后（尾座方向）移动。图 3.16（a）所示为小溜板的操作方向。

手轮每转动一圈,小溜板移动5mm,刻度盘圆周共分为100个格,每一格为0.05mm,如图3.16(b)所示。

转动手柄圈数较多时,可采用单手操作;转动手柄刻度较少时,可采用双手操作。

(a)小溜板手轮操作方向

(b)小溜板刻度盘

图3.16 小溜板横向移动操作

小溜板除了可以沿纵向移动,还可以沿斜向移动用来车削圆锥面。图3.17所示为小溜板旋转角度车削圆锥面示意图。小溜板车削顶角为 α 的圆锥面时,转动小溜板的基本方法如下:

先将小溜板上的2个锁紧螺母松开;

逆时针方向转动小溜板,其转动角度 $\frac{\alpha}{2}$ 对准指示标记;

将2个锁紧螺母拧紧;

双手交替均匀不间断地转动小溜板手柄,如图3.18所示。

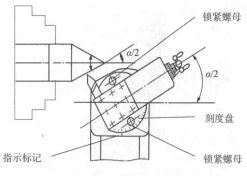
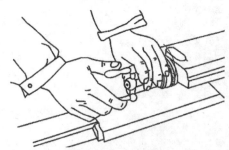

图3.17 小溜板旋转角度车削圆锥面示意图　图3.18 双手交替转动小溜板手柄车圆锥面

图3.19所示为小溜板结构示意图。

(a)刀架原始状态

锁紧螺母　　　　　　　　　　　　　　角度指示标记
　　　　　　　　　　　　　　　　　　（图中搬动角度为30°）

(b)刀架搬动角度后的状态

图3.19　小溜板结构示意图

4. 开合螺母的操作

溜板箱上还有一个重要的手柄——开合螺母。车削螺纹时，除了利用调整螺纹参数配置表来调整进给箱上的各操作手柄外，加工时还要对溜板箱上的开合螺母进行操作。图3.20为开合螺母操作示意图。图3.20（a）为合上开合螺母（只有加工螺纹时才合上）；图3.20（b）为打开开合螺母。

（a）合上开合螺母　　　　　　　　　　（b）打开开合螺母

图3.20　开合螺母操作示意图

若合上开合螺母操作不顺当时，可用左手左右摇动纵向进给手柄，右手进行开合螺母操作。

3.4.5 机动进给操作

车床的进给方式除上述讲述的手动进给操作外，在加工时大量使用的是机动进给方式。机动进给操作手柄位于溜板箱的右侧，有 5 个方向位置，俯视看机床的机动操作手柄，它的操作方向基本与车床的进给方向相同。图 3.21 所示为机动进给操作手柄的外形图，图 3.22 为机动操作手柄进给方向操作示意图。

图 3.21　机动进给操作手柄外形图

（a）纵向进给（主轴箱方向）

（b）中　位

（c）纵向进给（尾座方向）

（d）横向进给（远离操作者）

（e）横向进给（接近操作者）

图 3.22　机动操作手柄进给方向操作示意图

3.4.6 尾座操作

根据加工的需要,车床尾座可在人工操作下沿床身导轨纵向移动,也可调整尾座横向锁紧螺钉使尾座横向移动。图 3.23 为车床尾座结构示意图,其操作见表 3.13。

图 3.23 车床尾座结构示意图

表 3.13 车床尾座操作方法

操作内容	图 例	操作说明
松开尾座 锁紧尾座		松开尾座锁紧螺钉可以使尾座纵向移动;锁紧尾座锁紧螺钉,尾座纵向不能移动
尾座松开		按箭头方向松开尾座锁紧手柄,可推动尾座沿纵向移动
尾座锁紧		按箭头方向锁紧尾座锁紧手柄,尾座固定在导轨上,不能移动

续表 3.13

操作内容	图例	操作说明
套筒松开		按箭头方向松开套筒锁紧手柄，转动套筒移动手柄，套筒可前后移动
套筒锁紧		按箭头方向锁紧套筒锁紧手柄，使套筒不能移动
套筒移动	 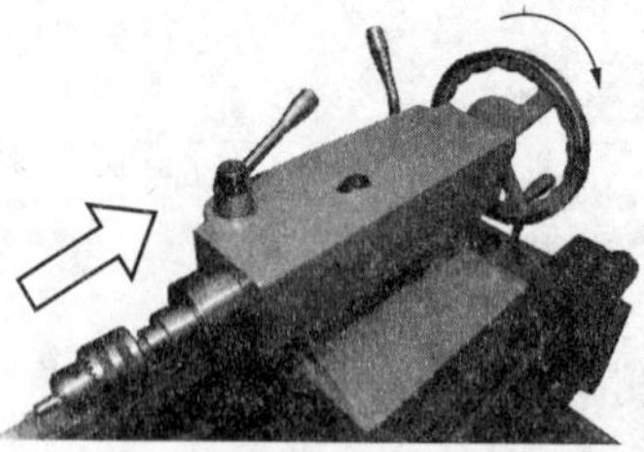  （每格1mm）	转动套筒移动手柄，套筒可纵向移动，转一圈，移动 6mm。套筒上的尺寸刻度值，也可直接显示套筒的移动距离

3.4 车床的基本操作 41

续表 3.13

操作内容	图 例	操作说明
横向调整（远离操作者）		用六方扳手按箭头方向转动尾座横向锁紧螺钉，尾座可沿横向移动（远离操作者）
横向调整（接近操作者）		用六方扳手按箭头方向转动尾座横向锁紧螺钉，尾座可沿横向移动（接近操作者）
尾座调整前后的位置	  零位 调整量	尾座调整后的刻度位置

第 4 章 金属切削基本常识

有关金属切削的理论知识点很多,而车削运动中所涉及的金属切削知识是最基本的金属切削知识。在学习与车削运动有关的最基础的切削知识时,按照图 4.1 思维导图进行学习可以起到事半功倍的作用。

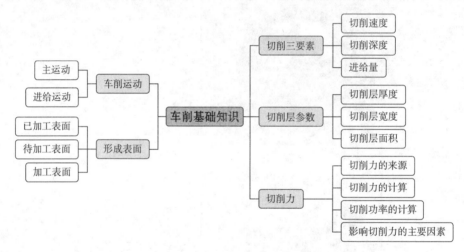

图 4.1　学习车削运动知识的思维导图

4.1　车削运动和切削用量

4.1.1　车削运动及形成表面

1. 车削运动

在切削过程中,为了切除多余的金属,必须使工件和刀具做相对的切削运动。在车床上用车刀切除多余金属的运动称为车削运动。车削运动分为主运动和进给运动。图 4.2 为金属切削运动示意图,图 4.3 为车削各运动及形成表面名称示意图。

图 4.2　金属切削运动示意图

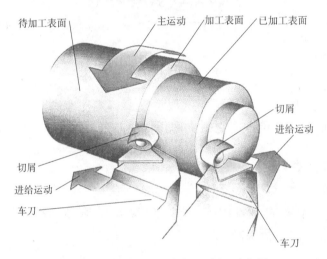

图 4.3　切削运动及各加工表面示意图

1）主运动

直接切除工件上的切削层，使之转变为切屑，从而形成工件新表面的运动称为主运动。在车削中，工件的旋转运动是主运动。其特点为转速较高、消耗功率较大，并且在车床上是唯一的主运动。

2）进给运动

使新的切削层不断投入切削运动称为进给运动。进给运动是沿着所要形成的工件表面的运动。它的作用是配合主运动，不断地将多余的金属层投入切削区域，以保持切削的连续性。

2. 工件上形成的表面

在切削运动中，切削零件上的切削层不断地被刀具切掉并变为切屑，从而形成零件的新表面。这样，在切削过程中，工件上有三个不断变化着的表面，即已切削过的表面称为已加工表面；未切削的表面称为待加工表面；而正在切削的表面称为加工表面或过渡表面。图 4.4 所示为几种车削加工时，工件上形成的三个表面。

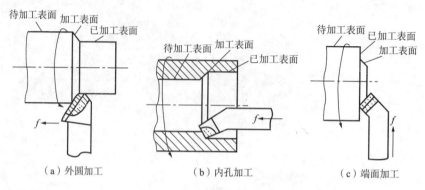

图 4.4　工件上的三个表面

在切削过程中有三个重要的物理量需要特别注意：切削速度、切削深度（背吃刀量）和进给量，它们也称作切削三要素。

4.1.2　切削用量

切削用量是衡量切削运动大小的参数，包括切削速度、进给量和切削深度（背吃刀量），即常说的"切削三要素"。合理地选择切削用量是保证产品质量，提高生产率的有效办法。

1. 切削速度

切削速度是指刀具切削刃上的某一点，相对于待加工表面在主运动方向上的瞬时线速度，通常用 v 表示，单位为 m/min（米/分）或 m/s（米/秒）。也可以理解为车刀在 1min 内车削工件表面的理论展开直线长度（假定切屑无变形或收缩），如图 4.5 所示。它是衡量主运动大小的参数。切削速度的计算公式为

$$v = \frac{\pi d n}{1000}$$

式中，v——切削速度，单位为 m/min；

　　　d——工件待加工表面的直径，单位为 mm；

　　　n——车床主轴每分钟转数，单位为 r/min。

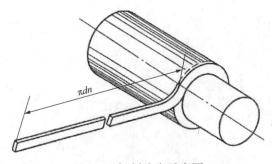

图 4.5 切削速度示意图

2. 切削深度

工件上已加工表面和待加工表面间的垂直距离（图 4.6），称为切削深度。也就是每次走刀时车刀切入工件的深度。通常用 a_p 表示，单位为 mm（毫米）。切削外圆时，a_p 的计算公式为

$$a_p = \frac{D - d}{2}$$

式中，D——工件待加工表面直径（mm）；

d——工件已加工表面直径（mm）。

3. 进给量

切削时工件每转一转，车刀沿进给方向移动的距离（图 4.6），它是衡量进给运动大小的参数。通常用 f 表示，单位为 mm/r（毫米/转）或 mm/min（毫米/分）。进给量分为横向进给量（与主轴方向垂直）和纵向进给量（与主轴方向平行）。

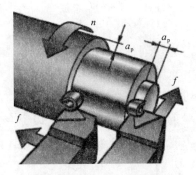

图 4.6 切削深度和进给量

4.1.3 切削用量的选择原则

粗车时，应考虑提高生产率并保证合理的刀具耐用度。首先要选用较

大的吃刀深度，然后再选择较大的进给量，最后根据刀具耐用度选用合理的切削速度。

半精车和精车时，必须保证加工精度和表面质量，同时还必须兼顾必要的刀具耐用度和生产效率。

1. 切削深度的选择

粗车时应根据工件的加工余量和工艺系统的刚性来选择。在保留半精车余量（1~3mm）和精车余量（0.1~0.5mm）后，其余量应尽可能一次车去。

半精车和精车时的切削深度是根据加工精度和表面粗糙度要求由粗加工后留下的余量确定的。用硬质合金车刀车削时，由于车刀刃口在砂轮上不易磨得很锋利，最后一刀的切削深度不宜太小，以 a_p=0.1mm 为宜。否则很难达到工件的表面粗糙度要求。

2. 进给量的选择

粗车时，选择进给量主要应考虑机床进给机构的强度、刀杆的尺寸、刀片的厚度、工件的直径和长度等因素，在工艺系统刚性和强度允许的情况下，可选用较大的进量。

半精车和精车时，为了减小工艺系统的弹性变形，减小已加工表面的粗糙度，一般多用较小的进给量。

3. 切削速度的选择

在保证合理的刀具寿命前提下，可根据生产经验和有关资料确定切削速度。在一般粗加工的范围内，用硬质合金车刀车削时，切削速度可按如下选择：

切削热轧中碳钢，平均切削速度为 100 m/min；

切削合金钢，将以上速度降低 20%~30%；

切削灰铸铁，平均切削速度为 70 m/min；

切削调质钢，比切削正火钢、退火钢降低 20%~30%；

切削有色金属，比切削中碳钢的切削速度提高 100%~300%。

此外应注意，断续切削、车削细长轴、加工大型偏心工件的切削速度不宜太高。用硬质合金车刀精车时，一般多采用较高的切削速度（80 m/min）；高速钢车刀时宜采用较低的切削速度。

4.2 切削层的参数

切削层是刀具切削部分切过工件的一个单程所切除的工件材料层。切削层参数就是指这个切削层的截面尺寸,如图 4.7 所示。为了简化计算,切削层形状、尺寸规定在刀具的基面中度量,切削层的形状和尺寸将直接影响刀具切削部分所承受的负载和切屑的尺寸大小。

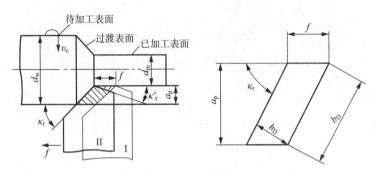

图 4.7 切削层

1. 切削层公称厚度 h_D

切削层公称厚度是垂直切削表面度量的切削层尺寸,简称切削厚度。

$$h_D = f \cdot \sin\kappa_r$$

2. 切削层公称宽度 b_D

切削层公称宽度是沿切削表面度量的切削层尺寸,简称切削宽度。

$$b_D = \frac{a_p}{\sin\kappa_r}$$

3. 切削层公称横截面面积 A_D

$$A_D = f \cdot a_p = h_D \cdot b_D$$

4.3 切削力

金属切削时,刀具切入工件使被切金属层发生变形成为切屑所需要的力称为切削力。

4.3.1 切削力的来源

切削力的来源如下:

（1）克服在切屑形成过程中工件材料对弹性变形和塑性变形的变形抗力；

（2）克服切屑与前刀面、已加工表面与后刀面的摩擦阻力。

变形力和摩擦阻力形成作用在刀具上的合力 F_r。由于 F_r 不便于计算，所以常将其分解为互相垂直的三个分力：F_c、F_f、F_p，如图 4.8 所示。

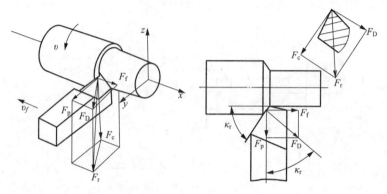

图 4.8　切削合力及其分力

（1）切削力 F_c——在主运动方向上的分力，它切于加工表面，并垂直于基面。F_c 是计算刀具强度、设计机床零件、确定机床功率的主要依据。

（2）进给力 F_f——在进给运动方向上的分力，它处于基面内在进给方向上，F_f 是设计机床进给机构和确定进给功率的主要依据。

（3）背向力 F_p——在切削深度方向上的分力，它处于基面内并垂直于进给方向。F_p 是计算工艺系统刚度的主要依据。它使工件在切削过程中产生震动。

各力之间的计算关系如下所示：

$$F_r = \sqrt{F_c^2 + F_D^2} = \sqrt{F_c^2 + F_f^2 + F_p^2}$$

$$F_f = F_D \sin\kappa_r$$

$$F_p = F_D \cos\kappa_r$$

4.3.2　切削力的计算

目前书上的理论计算公式，还不能精确地进行切削力的计算。现在使用的切削力的计算公式是通过大量的试验经数据处理后得到的经验公式。一般可分为指数形式公式和单位切削力形式公式两种。

1. 指数形式公式

$$F_c = C_{Fc} \cdot a_p^{x_{Fc}} \cdot f^{y_{Fc}} \cdot v_c^{z_{Fc}} \cdot K_{Fc}$$

$$F_f = C_{Ff} \cdot a_p^{x_{Ff}} \cdot f^{y_{Ff}} \cdot v_c^{z_{Ff}} \cdot K_{Ff}$$
$$F_p = C_{Fp} \cdot a_p^{x_{Fp}} \cdot f^{y_{Fp}} \cdot v_c^{z_{Fp}} \cdot K_{Fp}$$

式中，C_{Fc}、C_{Ff}、C_{Fp}——取决于工件材料和切削条件的系数；

X_{Fc}、Y_{Fc}、Z_{Fc}——切削力分力 F_c 公式中背吃刀量 a_p、进给量 f 和切削速度 v 的指数；

X_{Ff}、Y_{Ff}、Z_{Ff}——切削力分力 F_f 公式中背吃刀量 a_p、进给量 f 和切削速度 v 的指数；

X_{Fp}、Y_{Fp}、Z_{Fp}——切削力分力 F_p 公式中背吃刀量 a_p、进给量 f 和切削速度 v 的指数；

K_{Fc}、K_{Ff}、K_{Fp}——当实际加工条件与求得经验公式的试验条件不符时，各种因素对各切削分力的修正系数。

式中各种系数和指数及修正系数都可以在切削用量手册中查到。

2. 单位切削力形式公式

切削层单位切削力 p_c（MPa）可按下列公式计算：

$$p_c = \frac{F_c}{A_D} = \frac{F_c}{f \cdot a_p} = \frac{F_c}{h_D \cdot b_D}$$

各种工件材料的切削层单位切削力 p_c 可在有关手册中查到。根据上式，可以得到切削力 F_c 的计算公式：

$$F_c = p_c \cdot A_D \cdot K_{Fc}$$

式中，K_{Fc}——切削条件修正系数，可在有关手册中查出。

4.3.3 切削功率的计算

在切削过程中，所需要切削功率 P_c（单位为 kW）可以按下式计算：

$$P_c = 10^{-3}\left(F_c v_c + \frac{F_f v_f}{1000}\right)$$

式中，F_c、F_f——主切削力和进给力，单位为 N；

v_c——切削速度，单位为 m/s；

v_f——进给速度，单位为 mm/s。

一般情况下，F_f 远远小于 F_c，所以 F_f 消耗的功率也远小于 F_c 所消耗的功率，故可以省略。切削功率的计算公式简化为

$$P_c = 10^{-3} F_c v_c$$

根据上式求出切削功率，可按下式计算出机床电动机功率 P_E：

$$P_E = \frac{p_c}{\eta_c}$$

式中，η_c——机床的传动效率，一般取 0.75～0.85。

4.3.4 影响切削力的主要因素

1. 工件材料

（1）工件材料的强度、硬度越高，剪切屈服强度 τ_s 也越高，切削时产生的切削力越大。

例如，切削 60 号钢时的 F_c 比切削 45 号钢的切削力增大 4%；加工 35 号钢比加工 45 号钢的切削力减小 13%。

（2）工件材料的塑性、冲击韧性越高，切削变形越大，切屑与刀具间的摩擦增加，则切削力越大。

例如，1Cr18Ni9Ti 的延伸率是 45 号钢的 4 倍，所以切削变形大，不易断屑，加工硬化严重，产生的切削力比 45 号钢增大 25%。

（3）加工脆性材料，因变形小，切屑与刀具的摩擦力小，故切削力较小。

2. 刀具几何参数

（1）前角增大，切削变形小，切削力小；

（2）主偏角增加，F_p 减小，F_f 增大（图 4.9）。当 $\kappa_r=90°$ 时，F_p 为 0。

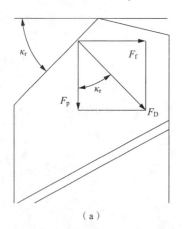
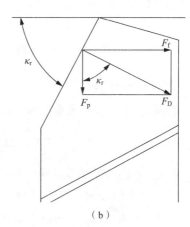

(a)　　　　　　　　　　　(b)

图 4.9　刀具几何参数对切削力的影响

3. 切削用量

（1）增大背吃刀量 a_p，使切削面积成正比增加，变形抗力和摩擦力加大，因而切削力随之增大。a_p 增加 1 倍，切削力近似增加 1 倍。

（2）进给量 f 增大，切削面积正比增加，但变形程度减小，所以 f 增大

1倍，切削力将增加 70%~80%。

（3）切削塑性材料对切削力的影响分为有积屑瘤阶段和无积屑瘤阶段两种情况。

低速范围：随着积屑瘤的增大→前角增大→切削力减小。

中速范围：积屑瘤的减小并消失→切削力增加至最大。

高速范围：温度上升→摩擦力减小→切削力稳定降低。

图 4.10 表示了切削速度对切削力的影响。

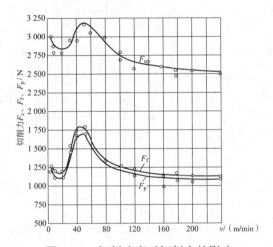

图 4.10　切削速度对切削力的影响

4．其他因素

（1）工件材料与刀具材料之间的摩擦系数 μ 的大小直接影响切削力的大小。

一般 μ 的大小按：立方氮化硼→陶瓷刀具→涂层刀具→硬质合金→高速钢依次增大。

（2）有无切削液的影响。

第5章 车床常用夹具及零件的装夹

　　夹具一般是指在机械制造过程中用来固定加工对象，使之占有正确的位置，以接受施工或检测的装置。对于车床夹具来说，夹具是指在工件的车削过程中，用来将工件固定在机床上，并使车削能够正常进行的装置。这样的描述是不是太专业了？好，我们举这样一个例子来说明什么是夹具。

　　我们在用削苹果刀来削苹果时，苹果是被加工对象，削苹果刀是工具，只有这两样东西你能够将苹果皮削下来吗？不能，除非你是武林高手。那么你是不是还要用手来握住苹果，再用削苹果刀将苹果皮削掉。手在削苹果的过程中充当的作用就是我们前面说的"夹具"。

　　下面我们将按照图5.1所列出的本章学习要点详细介绍各种类型的车床夹具。

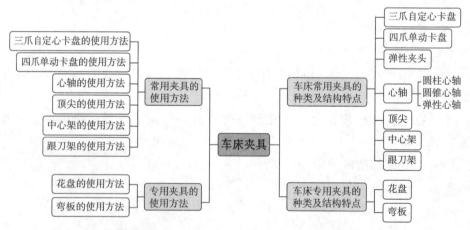

图 5.1　车床夹具的学习要点及内容

5.1　车床常用夹具的结构及使用方法

　　车床夹具一般分为两大类，即通用夹具和专用夹具。通用夹具是指能够装夹两种或两种以上工件的夹具。例如三爪自定心卡盘、四爪单动卡盘、花盘、心轴等。专用夹具是专门为加工某一特定工件的某一工序而设计的夹具。按夹具元件组合的特点，专用夹具又可分为不能重新组合的夹具和能重新组合的夹具，后者称为组合夹具。

5.1.1 三爪自定心卡盘的结构与安装

1. 三爪自定心卡盘的结构

三爪自定心卡盘是车床最常用的夹具，用于装夹工件。其三个爪在运动时保持同步，具有自动定心功能。

三爪自定心卡盘的三个卡爪分为正爪和反爪两种形式，反爪用于装夹直径较大的零件。常用的三爪卡盘的规格有160mm（三爪卡盘的直径）、200mm和250mm等。图5.2为三爪自定心卡盘的外形示意图。与车床主轴相连接的是三爪自定心卡盘背面的四个螺栓，如图5.2（b）所示。

（a）三爪自定心卡盘正面　　（b）三爪自定心卡盘背面

图5.2　三爪自定心卡盘外形示意图

三爪自定心卡盘由三爪体、卡爪（正、反各一套）、三爪连接盘、小锥齿轮和大锥齿轮组成，如图5.3（a）所示。

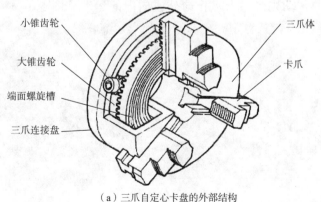

（a）三爪自定心卡盘的外部结构

图5.3　三爪自定心卡盘结构组成

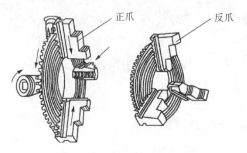

(b)三爪自定心卡盘的内部结构

续图 5.3

三爪的大锥齿轮的结构特点：一侧是大锥齿轮[图 5.4（b）]，与小锥齿轮啮合[图 5.4（a）]，并由小锥齿轮带动进行旋转；而大锥齿轮的另一侧，则是平面螺旋槽[图 5.4（c）]。图 5.4 所示为三爪大锥齿轮及小锥齿轮的外形示意图。

(a)小锥齿轮　　　　　(b)大锥齿轮　　　　　(c)平面螺旋槽

图 5.4　大锥齿轮盘和小锥齿轮外形示意图

三爪自动定心卡盘由三爪体、卡爪（3 个）、小锥齿轮（3 个）、大锥齿轮盘和三爪连接盘组成。工作时，将三爪扳手插入小锥齿轮的方孔中（任意一个）旋转扳手，小锥齿轮带动大锥齿轮盘旋转，而大锥齿轮盘反面的端面螺旋槽的转动则带动卡爪作向外或向内的运动（图 5.3）。

图 5.5 所示为三爪自定心卡盘卡爪外形示意图。

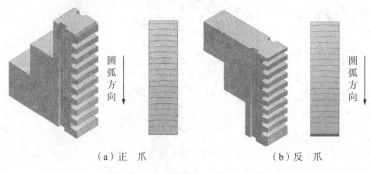

(a)正　爪　　　　　　　　　(b)反　爪

图 5.5　三爪自定心卡盘卡爪

2. 三爪自定心卡盘卡爪的安装

三爪自定心卡盘卡爪的安装是有顺序的,在每一个卡爪的滑槽中,都有一个数字:1或2或3。安装时卡爪的安装次序一定要按照1、2、3的顺序进行安装。卡爪的安装步骤如图5.6所示。

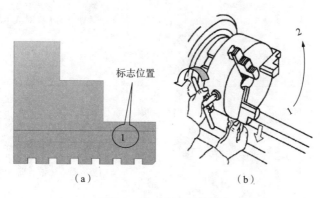

图5.6 三爪的安装顺序

3. 三爪自定心卡盘的安装

三爪自定心卡盘与主轴的连接方式由两种,一种是螺纹连接,另一种是连接盘连接。图5.7为CA6140型普通卧式车床主轴前端结构及连接形式。操作方法如表5.1所示。

图5.8为C620型普通卧式车床主轴前端结构及连接形式。主轴前端为M90×6螺纹,三爪尾部有M90×6内螺纹与主轴前端螺纹相连接,连接后加装保险销。其拆卸方法如表5.2所示。

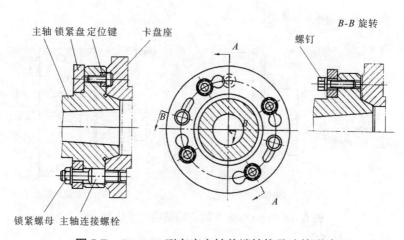

图5.7 CA6140型车床主轴前端结构及连接形式

表 5.1 自动定心三爪安装操作顺序

操作名称	图 解	操作说明
预备安装	主轴连接螺栓 主轴法兰 锁紧盘	连接时首先逆时针方向旋转锁紧盘,使锁紧盘上的大孔对准主轴法兰上的螺栓孔
安装三爪	主轴法兰螺栓孔	然后将三爪背面的 4 条主轴连接螺栓对准主轴法兰上的螺栓孔插入（圆柱形端面键应对准主轴后端面的定位孔）
锁 紧		插入后迅速顺时针方向旋转锁紧盘,使锁紧盘上的小尺寸圆弧槽卡入螺栓上的螺母之间,最后上 2 个锁紧螺钉和 4 个螺母

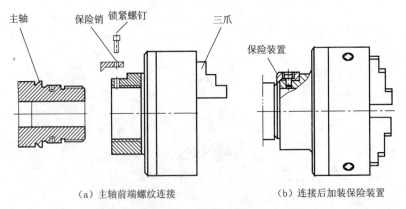

(a) 主轴前端螺纹连接　　　　(b) 连接后加装保险装置

图 5.8　C620 车床主轴前端结构及连接形式

表 5.2 螺纹连接拆卸方法

操作顺序	图例	操作说明
1	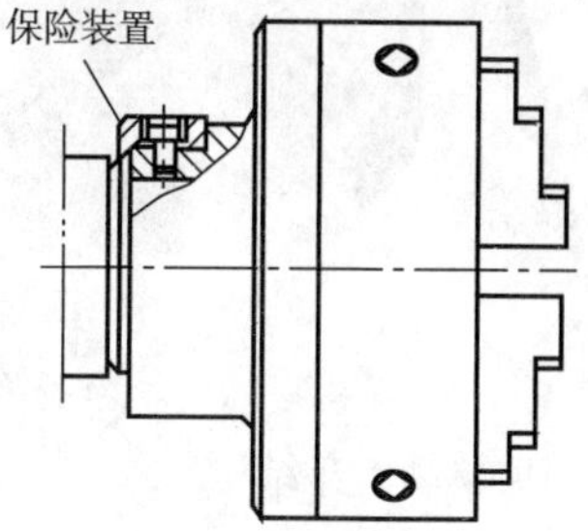	用六方扳手松开保险销锁紧螺钉（上下各1个），取下保险装置
2	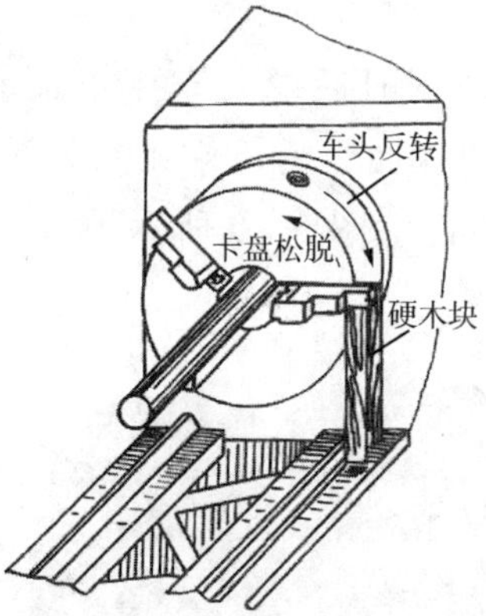	1）将一根铁棒插入主轴孔内； 2）用三爪将其夹紧； 3）用一硬木块，放在机床导轨和三爪之间（三爪应和硬木块接触）； 4）机床主轴低速反转 2～3 圈（主轴与三爪连接松开即可）
3	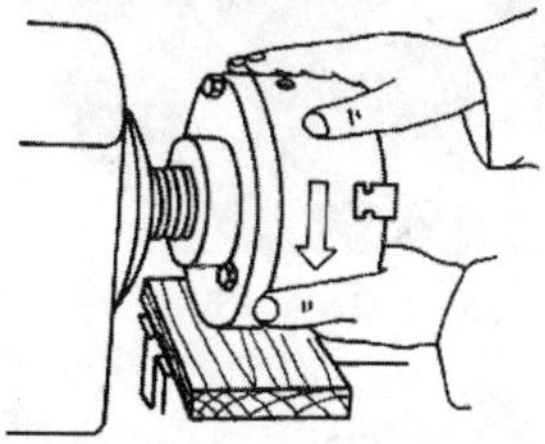	1）将一块木板垫在机床导轨上； 2）使主轴转速手柄处在低速挡； 3）双手逆时针缓慢旋转三爪，直到完全松开为止

5.1.2 四爪单动卡盘

四爪单动卡盘全称是机床用手动四爪单动卡盘，是由一个盘体，四个锁紧螺杆，一副卡爪组成的。工作时是用四个锁紧螺杆分别带动四爪，因此常见的四爪单动卡盘没有自动定心的作用。但可以通过调整四爪位置，装夹各种矩形的、不规则的工件，每个卡爪都可单独运动。每个卡爪的背面有一半内螺纹与夹紧螺杆相啮合，每个夹紧螺杆的外端都有方孔，用来安装卡盘扳手。当用扳手转动其中一个夹紧螺杆时，与其啮合的卡爪，就能单独做径向移动，以满足不同大小的工件。四爪单动卡盘的结构如图 5.9 所示。

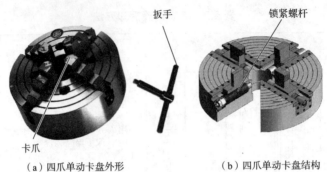

(a) 四爪单动卡盘外形　　　　　　(b) 四爪单动卡盘结构

图 5.9　四爪单动卡盘结构

5.1.3　花　盘

花盘也是车床常用夹具之一，使用时后端与车床主轴前端法兰相连，也可由三爪直接夹住花盘后端的小圆柱面，另一端则可安装工件。花盘常与弯板（或称角铁）一同用来装夹工件。图 5.10 所示为花盘外形及与弯板配合使用装夹工件示意图。

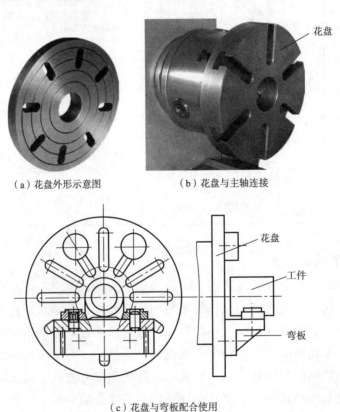

(a) 花盘外形示意图　　　　　　(b) 花盘与主轴连接

(c) 花盘与弯板配合使用

图 5.10　花盘外形示意图

5.1.4 心　轴

心轴其结构形式很多,按其结构大致可分为圆柱心轴和圆锥心轴。

1)圆柱心轴

圆柱心轴如图 5.11(a)所示,其为常用圆柱心轴的结构形式。图 5.11(b)所示为间隙配合心轴,装卸工件较方便,但定心精度不高。图 5.11(c)所示是过盈配合心轴,由引导部分、工作部分和传动部分组成。这种心轴制造简单,定心准确,不用另设夹紧装置,但装卸工件不便,易损伤工件定位孔,因此,多用于定心精度要求高的精加工。图 5.11(d)所示是花键心轴,用于加工以花键孔定位的工件。

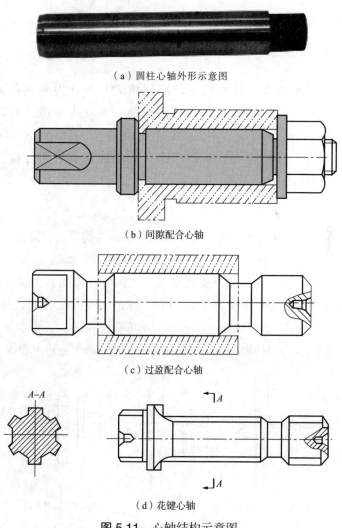

(a)圆柱心轴外形示意图

(b)间隙配合心轴

(c)过盈配合心轴

(d)花键心轴

图 5.11　心轴结构示意图

2）圆锥心轴

圆锥心轴即小锥度心轴，如图 5.12 所示的圆锥心轴，工件在锥度心轴上定位而且靠工件定位圆孔与心轴限位圆锥面的弹性变形夹紧工件。这种定位方式的定心精度高，可达 $\phi 0.01 \sim 0.02 \mathrm{mm}$，但工件的轴向位移误差较大，适用于工件定位孔精度不低于 IT7 的精车和磨削加工，不能加工端面。

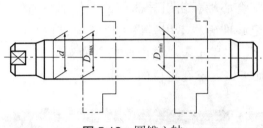

图 5.12 圆锥心轴

5.1.5 顶尖

顶尖作为车床的夹具辅件用途较广，顶尖有前顶尖和后顶尖两种。前顶尖在工作时与工件一同转动，无相对运动，不发生摩擦，所以不需要淬火；后顶尖有两种，一种是固定顶尖（死顶尖），工作时不与工件一同转动，整个工作过程即摩擦过程，所以顶尖前端或镶有硬质合金，或整体淬火。另一种是回转顶尖（活顶尖）。

1. 前顶尖

插在车床主轴锥孔内跟主轴一起旋转的顶尖称为前顶尖。前顶尖安装在一个与主轴锥孔锥度一样的转换套内，再将锥套插入主轴，如图 5.13（a）所示；还有一种前顶尖的外圆表面与主轴锥孔锥度一致，可直接插入主轴锥孔内，如图 5.13（b）所示；有时为了准确和方便，可在三爪上夹持一段钢料，并车出 60°锥角，如图 5.13（c）所示。只是这种前顶尖不可重复使用，若再次使用，必须重新车削 60°锥角，以保证顶尖锥面的轴心线与车床主轴的旋转中心线重合。

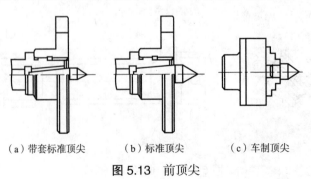

（a）带套标准顶尖　　（b）标准顶尖　　（c）车制顶尖

图 5.13 前顶尖

2. 后顶尖

插入车床尾座套筒内的顶尖称为后顶尖，后顶尖有固定顶尖和回转顶尖两种。图 5.14 为固定顶尖外形示意图，图 5.15 为回转后顶尖外形及结构示意图。

（a）镶硬质合金的顶尖　　　（b）普通顶尖

图 5.14　固定顶尖外形示意图

（a）活顶尖外形

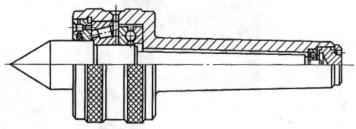

（b）活顶尖结构示意图

图 5.15　回转后顶尖外形及结构示意图

1）固定顶尖

固定顶尖也称作死顶尖，其定心准确且刚性好，工作时工件顶尖孔内表面与顶尖外表面始终处于滑动摩擦状态，故磨损大而发热高，极易把中心孔或顶尖外表面"烧坏"。所以，常常采用镶有硬质合金顶尖头的顶尖，图 5.14（a）为镶有硬质合金顶尖头的顶尖。

2）回转顶尖

回转顶尖也称为活顶尖，顶尖体与安装体之间装有滚动轴承，工作时顶尖与工件一起转动，避免了顶尖外表面与工件顶尖孔内表面之间的摩擦，能承受很高的转速，但支撑刚性差。当活顶尖使用时间较长，轴承磨损后，会产生径向跳动，从而降低了定心精度。

5.1.6 中心架

当车削细长轴时,为了防止细长轴的弯曲,常常采用中心架对其进行辅助支撑。

1. 中心架的结构

中心架由中心架底座、中心架压板、中心架支撑爪、锁紧压板和锁紧螺钉等元件组成。

中心架的结构如图 5.16 所示。

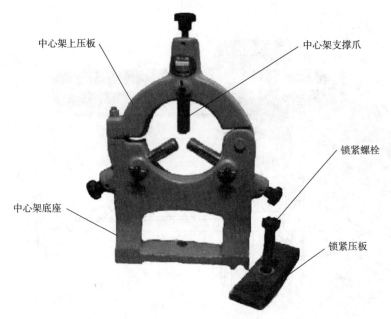

图 5.16 中心架结构

2. 中心架的使用方法

(1) 首先将中心架安装在机床的纵向导轨的合适位置上。

(2) 打开中心架上压板,将细长轴一端用三爪夹住,另一端用顶尖顶住(顶尖施加的轴向力不应太大)。

(3) 调整中心架底座的两个支撑爪,使支撑爪与工件接触,并在接触点加润滑油。

(4) 将中心架上压板压下,拧紧锁紧螺钉,调整支撑爪与工件接触。

图 5.17 所示为中心架使用方法示意图。

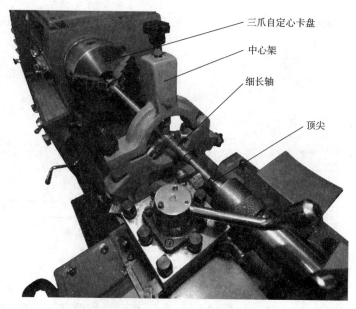

图 5.17 中心架的结构及使用方法

5.1.7 跟刀架

对不宜掉头装夹车削的细长轴，可采用跟刀架进行切削，以增加工件的刚性，抵消径向进给力，减少工件的变形。图 5.18 为跟刀架外形示意图，其中图 5.18（a）为两爪跟刀架，图 5.18（b）为三爪跟刀架。

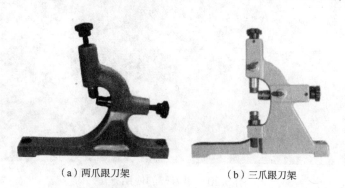

（a）两爪跟刀架　　　　　　（b）三爪跟刀架

图 5.18　跟刀架外形示意图

加工中采用两爪跟刀架的受力情况如图 5.19（a）所示，车刀给工件的切削抗力 F 使工件贴在跟刀架的两个支撑爪上。但实际使用时，由于工件本身向下的重力，会使工件自然弯曲，因此车削时工件往往因离心力瞬时离开支撑爪，接触支撑爪而产生震动。如果采用三爪跟刀架支撑工件，则可解决上述问题。图 5.19（b）所示为三支撑爪的跟刀架外形示意图。

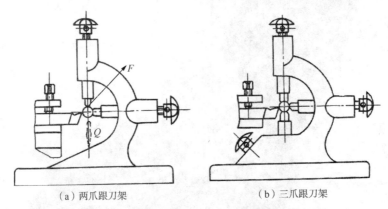

(a) 两爪跟刀架　　　　　　　　(b) 三爪跟刀架

图 5.19　用跟刀架支撑车细长轴的受力情况

跟刀架在使用时被安装在中溜板上，加工时与中溜板一起作纵向移动，而中心架是固定不动的。图 5.20 所示为跟刀架的使用方法。

图 5.20　跟刀架的使用方法

5.2　回转体零件的装夹方法

在车床上加工回转体零件所采用的装夹方法有很多，表 5.3 所示为回转体零件常见的装夹方法。

表 5.3 回转体零件常见的装夹方法

夹具名称	操作方法	图示
三爪正夹	1）将卡盘扳手插入三爪外圆上的任意一个方孔中，顺时针或逆时针方向转动扳手，待三爪开口大小与工件装夹大小相近时，停止转动； 2）将工件夹紧部分插入三爪当中，顺时针方向转动扳手，直至零件被夹紧	
三爪反夹	1）将卡盘扳手插入三爪外圆上的任意一个方孔中，顺时针或逆时针方向转动扳手，待三爪开口大小与工件装夹大小相近时，停止转动； 2）将工件夹紧部分插入三爪当中，逆时针方向转动扳手，直至零件被夹紧	
四爪装夹	划线找正工件，将扳手分别插入锁紧螺杆上端的四方孔中，顺时针转动扳手，直至夹紧工件	
一夹一顶	零件一端用三爪装夹，另一端用活顶尖顶住，以保证零件的加工质量	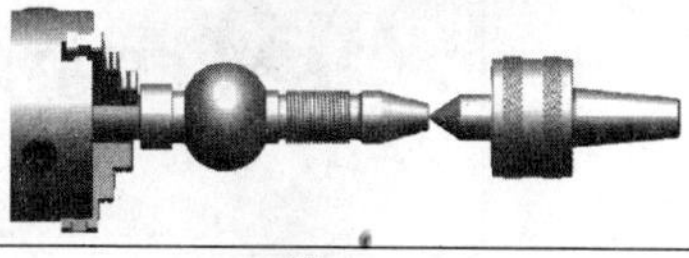
在两顶尖间装夹一	三爪装夹一段圆棒料，车削成图示圆锥，锥角为60°	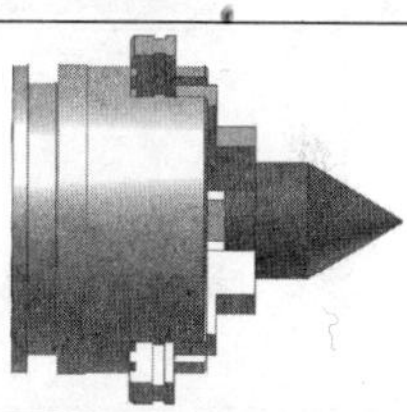
	1）工件左端裹铜皮，用鸡心夹夹住铜皮包裹住的工件，使鸡心夹上的拨杆与三爪接触； 2）将工件放置在左端顶尖和右端活顶尖之间	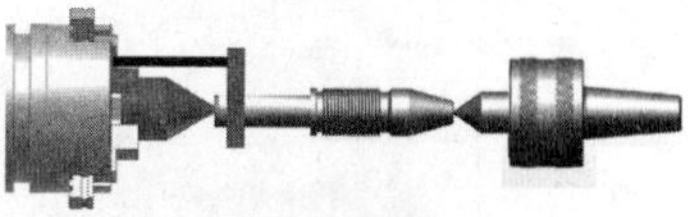
在两顶尖间装夹二	1）主轴前端装上拨盘； 2）前顶尖插入主轴锥孔	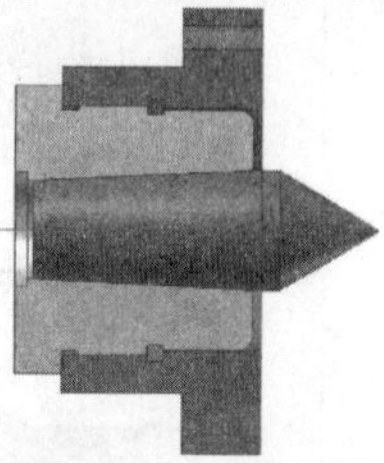
	1）工件左端裹铜皮，用鸡心夹夹住铜皮包裹住的工件，使鸡心夹上的拨杆与三爪接触； 2）将工件放置在左端顶尖和右端活顶尖之间	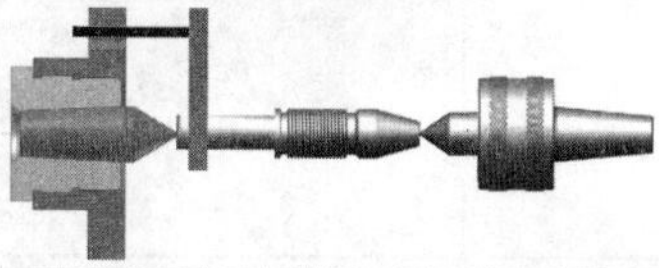

5.3 零件的装夹找正

5.3.1 在自动定心三爪卡盘上装夹找正

在自动定心三爪卡盘上装夹找正轴类零件或盘类零件，如表 5.4 所示。

表 5.4 工件在自动定心三爪卡盘上的找正方法

找正方法	图例	操作说明
用划针找正		用卡盘轻轻夹住工件外圆较光滑的表面（无明显凹凸痕迹处）
		旋转主轴变速长手柄，将其置于空挡位置（白色标记对准指示标记）
		将划针盘放置在合适位置，用手缓慢拨动主轴，将针尖接触工件旋转一周中的最高处
		1）用手缓慢拨动主轴，仔细观察工件旋转一周中的最高处和最低处的间隙量； 2）用铜棒轻轻敲击工件位于最高点时的悬伸端，使工件向下移动约为最大间隙量的一半； 3）调整划针高度，使针尖始终与工件旋转一周中的最高处接触； 4）反复重复上述工作，直至全圆周划针与工件表面间隙均匀一致
		夹紧工件

5.3 零件的装夹找正

续表 5.4

找正方法	图　例	操作说明
用百分表找正		用卡盘轻轻夹住工件外圆较光滑的表面（无明显凹凸痕迹处）
		旋转主轴变速长手柄，将其置于空挡位置（白色标记对准指示标记）
		1）将磁性表座吸在车床的中溜板上； 2）用手缓慢拨动主轴，调整表架位置，使百分表表头垂直指向工件悬伸一端外圆表面； 3）使表头与工件旋转一周中的最高处接触 （注意百分表的量程）
	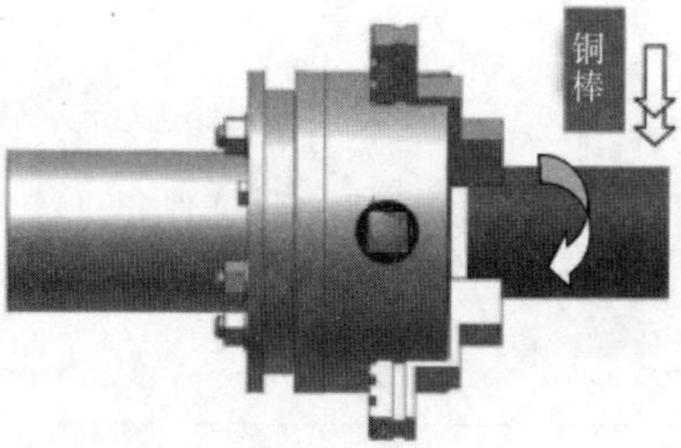	1）用手缓慢拨动主轴，仔细观察工件旋转一周中的最高处和最低处的间隙量； 2）用铜棒轻轻敲击工件位于最高点时的悬伸端，使工件向下移动约为最大间隙量的一半； 3）调整百分表高度，使表头始终与工件旋转一周中的最高处接触； 4）反复重复上述工作，直至全圆周表针的摆动值基本符合工件的装夹精度为止
		夹紧工件

续表 5.4

找正方法	图例	操作说明
用铜棒或胶木块找正（盘类零件）	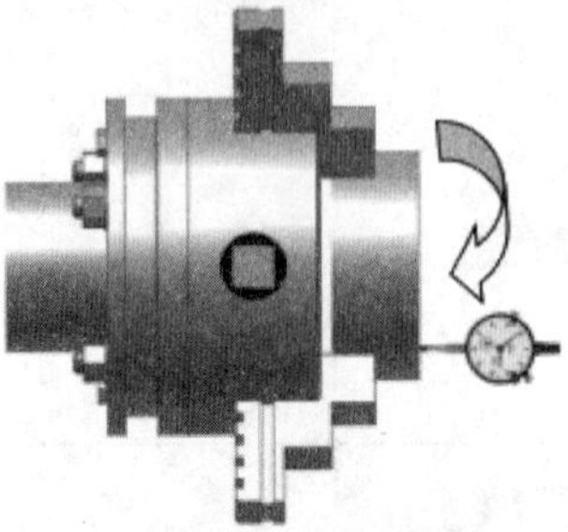	对于直径较大而轴向尺寸较小的工件，可用百分表测量工件的轴向跳动来进行找正： 1）将磁性表座吸在车床的中溜板上； 2）调整表架位置，使百分表表头垂直指向工件悬伸一端端面； 3）用手缓慢拨动主轴，观察表的摆动范围； 4）用铜棒轻轻敲击轴向跳动最大点； 5）找正后夹紧工件
		用卡盘轻轻夹住工件外圆表面
	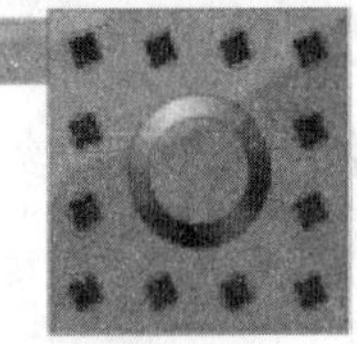	对于经粗加工端面后的工件，则在方刀架上夹持一铜棒或胶木块
	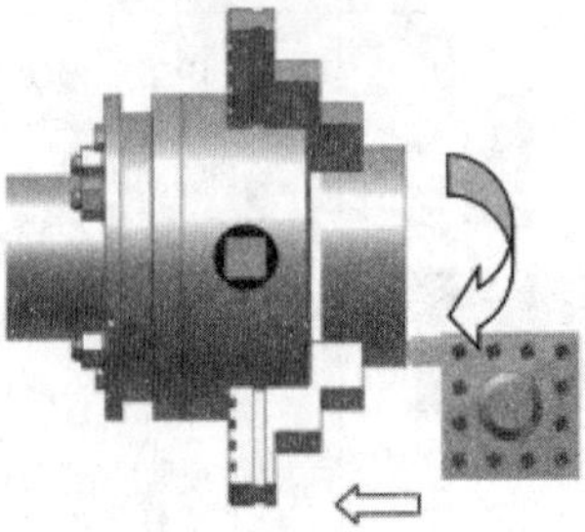	使主轴低速运转，移动床鞍和中溜板，使铜棒或胶木块轻轻地挤压工件端面，观察工件端面与主轴轴线是否垂直
		找正后退出铜棒或胶木块，停止主轴转动（切断电源），夹紧工件

5.3.2 非圆零件在单动四爪上装夹找正

在车削加工中,常常存在着工件被加工孔的圆心不在机床回转中心(偏心)或非圆零件的情况,图 5.21 给出了一些非圆零件的示意图。

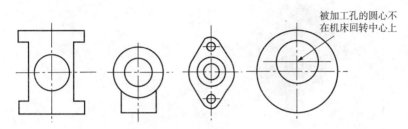

图 5.21 非圆零件外形图

对于这类零件的加工,一般可在单动四爪上或专用夹具上对其进行装夹找正。表 5.5 所示以加工轴承支撑座内孔为例,说明在单动四爪上装夹找正的操作顺序。

表 5.5 非圆零件在单动四爪上装夹找正

方法	图 例	操作说明
零件		加工非圆零件中心的台阶孔
划线		1)划十字线找到圆心,用样冲钉眼; 2)用划规以样冲眼为中心点,画圆

续表 5.5

方　法	图　例	操作说明
准备装夹	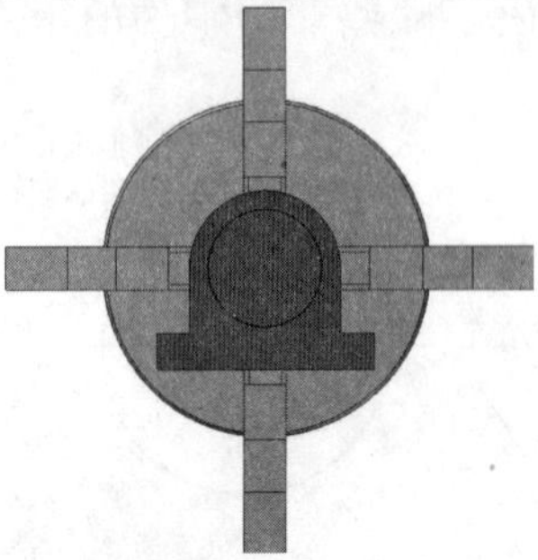	用扳手将四爪分别松开，张开大小比工件略大
快速定位	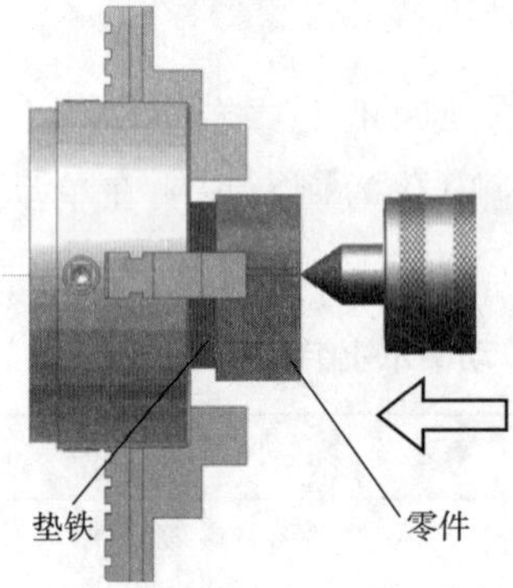	将尾座拉向主轴箱，用顶尖顶住工件圆心（零件后面可垫垫铁）
顺序装夹	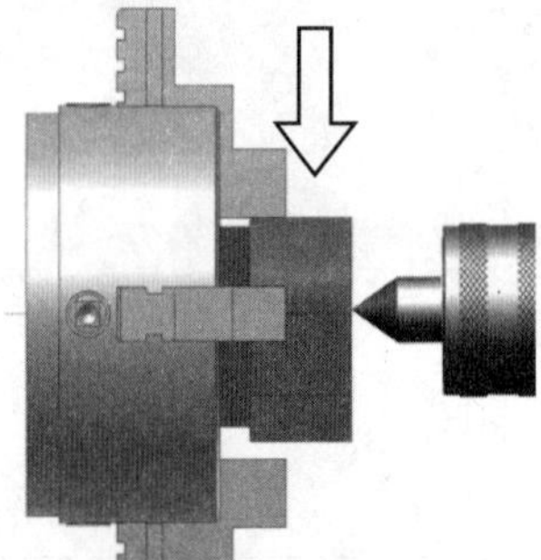 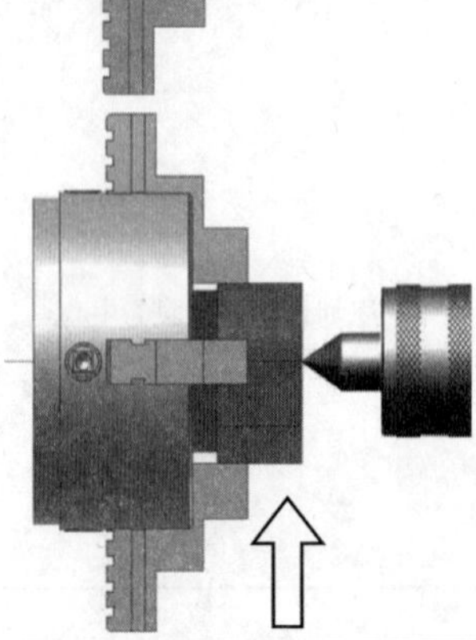	用扳手按图示转动锁紧螺杆，分别使零件的上方、下方、前方和后方接触工件

续表 5.5

方 法	图 例	操作说明
夹紧工件	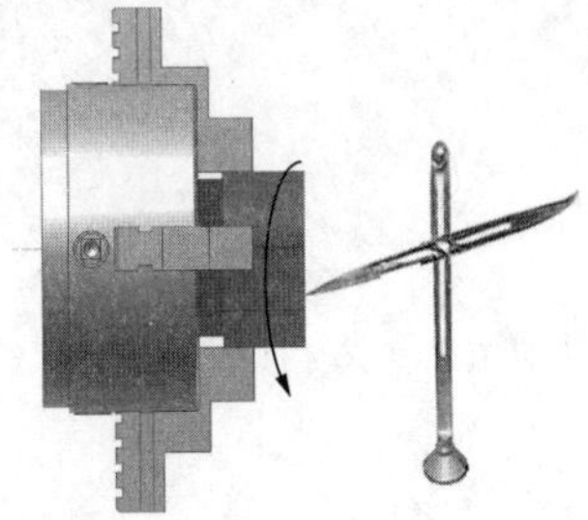	1）将顶尖退出； 2）将划针盘放置在中溜板上； 3）将划针针尖对准端面所画的圆； 4）将主轴箱置于空挡位置； 5）缓慢旋转四爪卡盘； 6）观察所画圆与划针的跳动情况； 7）逐一调整四个爪的微量位移，使所画圆与划针的跳动基本为零； 8）逐一夹紧工件

第6章 车刀

在车床上加工工件，称为车削；而作为车削工具的刀具，称为车刀。

与车刀有关的知识有很多，而需要操作者掌握的车刀知识，可由图6.1来按图索骥。

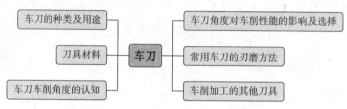

图6.1 车刀知识的思维导图

6.1 常用车刀的种类及用途

车刀是用于车削加工的、具有一个切削部分的刀具，车刀外形结构如图6.2所示。

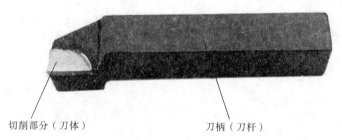

图6.2 车刀组成

车刀按结构可分为整体式车刀、焊接式车刀和机夹车刀，表6.1所示为不同结构的车刀外形示意图及结构特点。

表 6.1 车刀按结构分类

车刀结构	车刀外形示意图	结构特点
整体式车刀		切削部分和刀柄均为同一种材料。用作整体式车刀的刀具材料一般是高速钢（W18Cr4V）
焊接式车刀		刀头切削部分和刀柄分属两种材料。即在刀柄上镶焊硬质合金刀片，而后经刃磨所形成的车刀。刀柄的材料一般采用 45 号钢和 40Cr
机夹车刀		刀头切削部分和刀柄分属两种材料。它是将硬质合金刀片用机械夹固的方法固定在刀柄上的（不可重磨车刀：具有多切削刃和多刀尖）

车刀按其用途不同，车刀又可分为外圆车刀、端面车刀、切断刀、内孔车刀、螺纹车刀、成形车刀和机夹车刀等。常用车刀的形状和用途如表 6.2 所示。

表 6.2 常用车刀的形状和用途

车刀名称	图形及功能	用途
45°车刀（弯头）外圆车刀	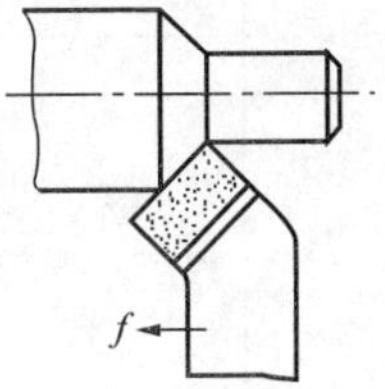	主要用来车削工件的外圆、端面和倒角
90°车刀（偏头）外圆车刀	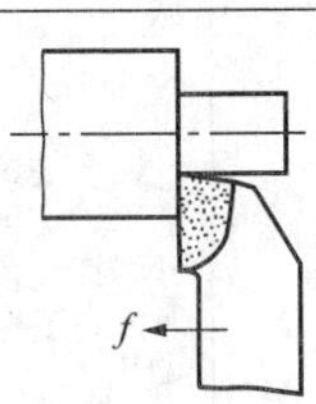	主要用来车削工件的外圆、台阶和端面

续表 6.2

车刀名称	图形及功能	用　途
75°车刀（直头）外圆车刀	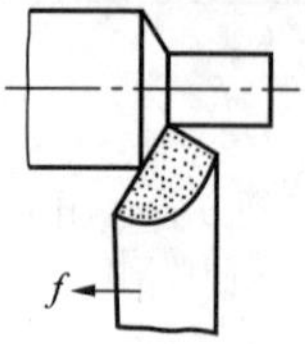	主要用来车削工件的外圆表面
端面车刀	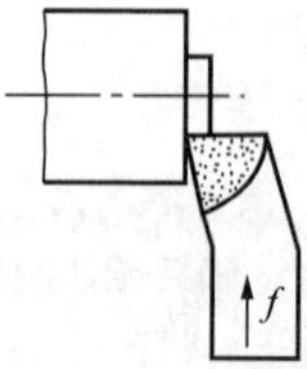	主要用来车削工件的端面
切断刀	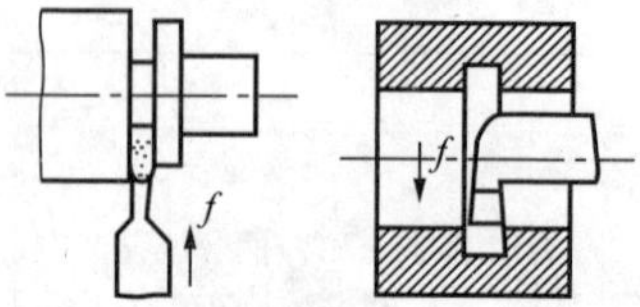	主要用来切断工件或在工件外圆或内孔中切出沟槽
内孔车刀（通孔）	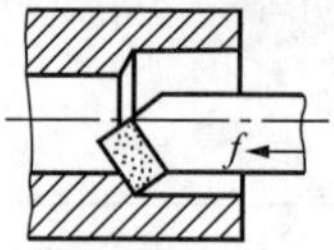	用来车削工件的内孔（通孔）
内孔车刀（盲孔）	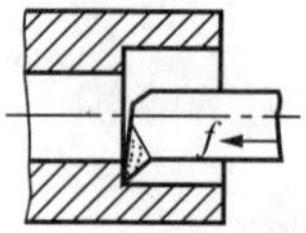	用来车削工件的内孔（盲孔）
螺纹车刀	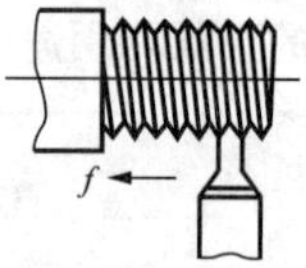	主要用来车削各种螺纹
成形车刀	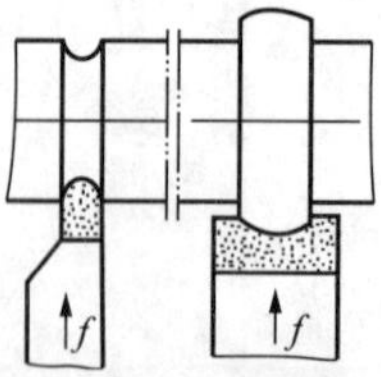	用来车削台阶处的圆角、圆槽或车削各种特殊型面工件
机夹车刀		该车刀的用途与其他外圆车刀一样，只是当刀刃磨损后，只需调换另一个刀片即可继续切削，从而缩短了换刀时间，大大地提高了生产效率

续表 6.2

车刀名称	图形及功能	用途
机夹端面槽切刀		该车刀的用途是切削端面槽，可采用不同刀片宽度的端面切槽刀对槽宽为 2、3、4、5、6（mm）进行直接切削，而不需二次进刀

注：图中"↑""f"为车刀进给方向。

6.2 刀具材料

6.2.1 刀具材料的基本要求

无论是焊接车刀，还是机夹车刀，车刀一般由切削部分和刀体两部分组成。为满足切削性能的需要，车刀切削部分的材料必须满足表 6.3 所示的基本要求。

表 6.3 车刀切削部分的材料的基本要求

基本要求	说明
高的硬度	车刀材料的硬度必须大于工件材料的硬度，常温硬度一般要在 HRC60 以上
高的耐磨性	切削时刀具的切削部分受到很大的挤压力和摩擦力，耐磨性就是指刀具材料抗磨损能力。一般来说，刀具材料的硬度越高、晶粒越细、分布越均匀，耐磨性就越好
足够的强度和韧性	在切削过程中，刀具承受很大的压力、冲击和震动，刀具必须具备足够的抗弯强度和冲击韧性。一般来说，刀具材料的硬度越高，其抗弯强度和冲击韧性的值越低，这两方面的性能常常是矛盾的。一种好的刀具材料，应根据它的使用要求，兼顾以上两方面的性能
高的耐热性	耐热性是指刀具材料在高温下保持硬度、耐磨性、强度和韧性的性能，也包括刀具材料在高温下抗氧化性、粘接、扩散的性能
良好的工艺性	刀具除具有以上性能外，还应具备一定的可加工性能，如切削性能、可磨削性、热处理性能、焊接性能、锻造性能及高温塑性变形性能等
经济性	要求刀具材料性能好，成本低

6.2.2 常用刀具材料的种类和牌号

刀具材料种类很多，常用的刀具材料有工具钢、硬质合金、陶瓷、立方氮化硼和金刚石（天然和人造）等。

1. 工具钢

工具钢包括碳素工具钢、合金工具钢和高速钢，常用于制作刃具、模具和量具。其加工性良好，价格低廉，使用范围广泛，所以它在工具生产中用量较大。表 6.4 示出了常用工具钢的牌号及其应用范围。

高速钢是一种具有高硬度、高耐磨性和高耐热性的工具钢，又称高速工具钢或锋钢。高速钢是一种加入了较多的钨、钼、铬、钒等合金元素的高合金工具钢。高速钢的韧性好且具有很高的强度，抗弯强度为一般硬质合金的 2~3 倍，因此主要用来制造复杂的薄刃和耐冲击的金属切削刀具，也可制造高温轴承和冷挤压模具等。

表 6.4 常用工具钢的牌号及其应用范围

类别	牌号	主要用途
碳素工具钢	T7	用作承受冲击负荷的工具及需要适当硬度、较好韧性的工具。例如，凿子、锤子、铆钉模、改锥、机床顶尖等
	T8	用作承受冲击负荷不大且需较高硬度即耐磨性的工具。例如，简单铣头、扩孔钻、软金属及木料锯片、切铜刀具等
	T9	有一定韧性而具有较高的硬度的各种工具。例如，冲模、铣头、铸模的分流钉
	T10	用作不承受冲击负荷而刃口锋利与少许韧性的工具。例如，车刀、刨刀、拉丝模、丝锥、扩孔刃具、搓丝板、铣刀、手锯条、螺丝刀、锉刀等
	T11	用作在工作室温较低的工具。例如，丝锥、锉刀、扩孔钻、板牙、刮刀、量规，以及小断面冷切边模、冲孔模等
	T12	用作不承受冲击负荷、切削速度和温度不高的工具。例如，车刀、铣刀、刮刀、铰刀、丝锥、板牙、锉刀以及小断面冷切边模、冲孔模等
合金工具钢	9SiGr	板牙、丝锥、钻头、铰刀、齿轮铣刀、冷冲模、冷压辊
	GrMn	量规与块规
	GrWMn	板牙、拉刀、量规、形状复杂高精度的冲模
	Gr12	冷冲模、冷冲头、冷切剪刀、钻套、量规及木工工具等
	Gr12MoV	冷切剪刀、圆锯、模具、标准工具与量规等
	9Mn2V	小冲模、冷压模、雕刻模、小变形量规、样板、丝锥、板牙、铰刀等
	5GrNiMo	料压模、大型锻模
	3Gr2W8V	高应力压模、螺钉或铆钉热压膜、热剪切刀

续表6.4

类 别	牌 号	主要用途
普通高速钢	W18Cr4V	广泛用于制造钻头、铰刀、铣刀、拉刀、丝锥、齿轮刀具等
	W6Mo5Cr4V2	用于制造要求热塑性好和受较大冲击载荷的刀具,如轧制钻头等
	W14Cr4VMnRe	用于制造要求热塑性好和受较大冲击载荷的刀具,如轧制钻头等

2. 硬质合金

硬质合金是用粉末冶金方法制造的合金材料,它是由高硬度、高熔点的金属碳化物(WC、TiC等)粉末,用钴等金属黏结剂在高温下烧结而成。具有高硬度、高耐磨性和高耐热性,允许的切削速度远高于高速钢。其不足是抗弯强度较低、脆性较大,抗冲击和抗振动性能也较差。图6.3所示为硬质合金机夹刀刀片外形示意图。表6.5列出了常用硬质合金的应用范围。

焊接刀片　　　　不重磨机夹刀片

图6.3 硬质合金机夹刀刀片

表6.5 各种硬质合金的应用范围

牌 号	应用范围
YG3X	铸铁、非铁金属及其合金的精加工、半精加工,不能承受冲击载荷
YG3	铸铁、非铁金属及其合金的精加工、半精加工,不能承受冲击载荷
YG6X	普通铸铁、冷硬铸铁、高温合金的精加工、半精加工
YG6	铸铁、非铁金属及其合金的半精加工和粗加工
YG8	铸铁、非铁金属及其合金、非金属材料的粗加工,也可用于断续切割
YG6A	冷硬铸铁、非铁金属及其合金的半精加工,也可用于高锰钢、淬硬钢的半精加工和精加工

(耐磨损能力、切削速度 增大↑　抗弯强度韧性、进给量 ↓减小)

续表 6.5

牌号		应用范围
YT30	增大 ↑ 耐磨损能力,切削速度 ↓ 减小 / 抗弯强度韧性,进给量	碳素钢、合金钢的精加工
YT15		碳素钢、合金钢在连续切削时的粗加工、半精加工,也可用于断续切削时的精加工
YT14		碳素钢、合金钢在连续切削时的粗加工、半精加工,也可用于断续切削时的精加工
YT5		碳素钢、合金钢的粗加工,也可以用于断续切削
YW1	增大 ↑ 耐磨损能力,切削速度 ↓ 减小 / 抗弯强度韧性,进给量	高温合金、高锰钢、不锈钢等难加工材料及普通钢料、铸铁、非铁金属及其合金的半精加工和精加工
YW2		高温合金、高锰钢、不锈钢等难加工材料及普通钢料、铸铁、非铁金属及其合金的粗加工和半精加工

3. 陶 瓷

陶瓷刀具有氧化铝（Al_2O_3）基和氮化硅（Si_3N_4）基两大类，具有工效高、使用寿命长和加工质量好等特点。抗弯强度可达 1.3~1.5GPa，能以 200~1000m/min 的切削速度高速加工钢、铸铁及其合金等材料，刀具寿命比硬质合金高几倍、甚至几十倍。利用陶瓷刀具可直接以车代替磨削（或抛）对淬硬零件加工，可用单一工序代替多道工序，大大缩短工艺流程。图 6.4 所示为陶瓷刀具外形示意图。

4. 立方氮化硼

立方氮化硼，俗称 CBN，是工具类硬度仅次于金刚石的材料。它硬度高，红硬性好，与几乎所有金属亲和性差，但同时韧性差，不耐冲击，易崩损。适用于淬火材料（高硬度）、高硅钢和有色金属的精加工和半精加工。由于 CBN 与铸铁中的 C 没有亲和性，在铸铁件高速精加工中普遍采用 CBN。图 6.5 所示为立方氮化硼刀具外形示意图。

图 6.4 陶瓷刀具外形示意图

图 6.5 立方氮化硼刀具外形示意图

5. 金刚石

金刚石刀具有天然金刚石（ND）、人造聚晶金刚石（PCD）、人造聚晶金刚石复合片（PDC）和沉积涂层金刚石刀具（CVD）等。它具有极高的硬度和耐磨性、低摩擦系数、高弹性模量、高热导、低热膨胀系数，以及与非铁金属亲和力小等优点。可以用于非金属硬脆材料如石墨、高耐磨材料、复合材料、高硅铝合金及其他韧性有色金属材料的精密加工。金刚石刀具类型繁多，性能差异显著，不同类型金刚石刀具的结构、制备方法和应用领域有较大区别。图6.6为金刚石刀具外形示意图。

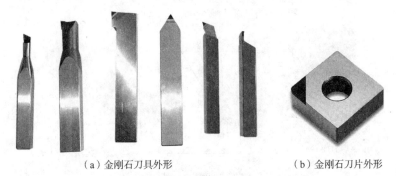

（a）金刚石刀具外形　　　（b）金刚石刀片外形

图6.6　金刚石刀片外形示意图

6.3　车刀切削角度的认知

6.3.1　车刀的组成

车刀一般由刀体和刀柄（刀杆）两部分组成。刀体即为切削部分，是车刀最重要的部分，由刀面、刀刃和刀尖组成（俗称"一尖、两刃、三面"）组成，承担切削加工任务。图6.7所示为车刀的组成示意图。

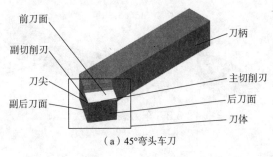

（a）45°弯头车刀

图6.7　车刀的组成

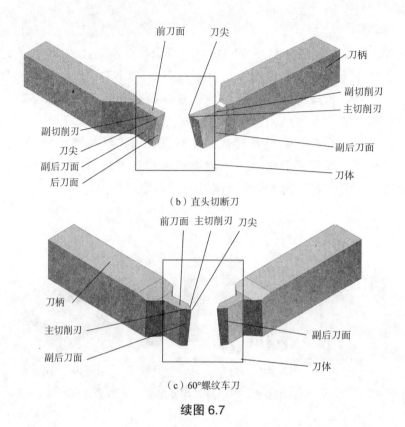

(b)直头切断刀

(c)60°螺纹车刀

续图 6.7

1. 刀 面

(1)前刀面——刚形成的切屑流出时经过的刀面,如图 6.8 所示。
(2)主后刀面——与工件加工表面相对的刀面。
(3)副后刀面——与工件已加工表面相对的刀面。

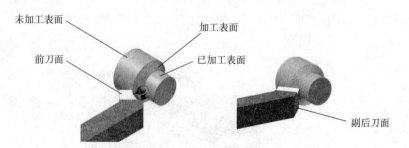

图 6.8 车刀表面定义

2. 刀 刃

(1)主切削刃——前刀面和后刀面的交线。

（2）副切削刃——前刀面和副后刀面的交线。

3. 刀尖

刀尖是主、副切削刃的实际交点，为了强化刀尖，一般都在刀尖处磨成折线或圆弧形过渡刃。

6.3.2 车刀切削部分的几何角度

车刀几何角度的大小对切削的效率和加工质量有着重大的意义，因此有着"车工一把刀"的称谓。为了表示刀具切削部分的几何角度，需要人为地建立坐标系。刀具坐标系有很多种，经常使用的是刀具切削坐标系和刀具标注角度坐标系。本书只对刀具标注角度坐标系进行论述。

为了方便地设计和测量刀具的几何角度，假想三个辅助平面，三个辅助平面彼此相互垂直，形成一个正交平面的坐标系，即刀具标注角度坐标系。

建立刀具标注角度坐标系的前提条件是（图6.9）：

（1）切削刃处在水平面上，刀尖恰在工件中心高度上；

（2）刀柄中心线垂直于工件轴线（假定的进给方向）；

（3）主运动方向与刀具底面垂直（不考虑进给运动）；

（4）工件已加工表面的形状为圆柱面。

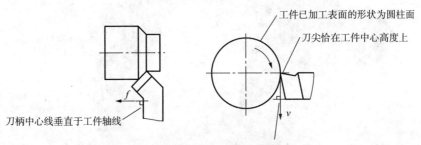

图6.9 建立刀具标注角度坐标系的前提条件

1. 三个坐标平面

（1）基面 P_r——通过切削刃某选定点，平行于刀具安装平面的平面，如图6.10（a）所示。

（2）切削平面 P_s——通过切削刃某选定点，与工件加工表面相切，且垂直于基面的平面，如图6.10（b）所示。

（3）正交平面 P_o——通过切削刃某选定点，与基面和切削平面均垂直的平面，如图 6.10（c）所示。

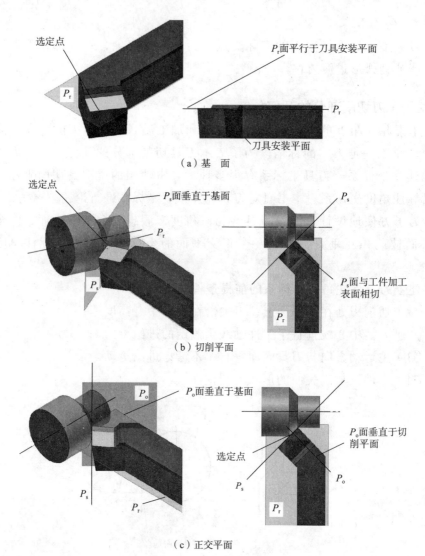

（a）基面

（b）切削平面

（c）正交平面

图 6.10　车刀标注坐标系

2．刀具角度标注

（1）在基面上测量的刀具角度，如图 6.11 所示。

①主偏角 κ_r——主切削刃在基面上的投影与假定进给方向之间的夹角。

②副偏角 κ_r'——副切削刃在基面上的投影与假定进给反方向之间的夹角。

③刀尖角 ε_r——主切削刃与副切削刃在基面上投影之间的夹角（该角度为派生角）。

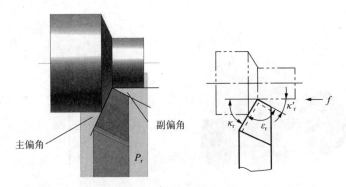

图 6.11 在基面上测量的刀具角度

注：基面 P_r 的下角标为 "r"，故在基面上测量的刀具角度下角标均有 "r"。

（2）在切削平面上测量的刀具角度，如图 6.12 所示。

刃倾角 λ_s ——主切削刃与几面之间的夹角。当刀尖是主切削刃上最低点时，刃倾角为负值；当刀尖是主切削刃上最高点时，刃倾角为正值，如图 6.13 所示。

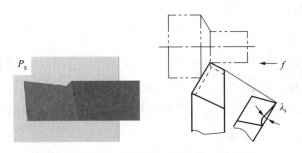

图 6.12 在切削平面上测量的刀具角度

注：切削平面 P_s 的下角标为 "s"，故在该平面上测量的刀具角度下角标均有 "s"。

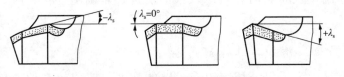

图 6.13 刃倾角的（±）符号

（3）在正交平面上测量的刀具角度，如图 6.14 所示。

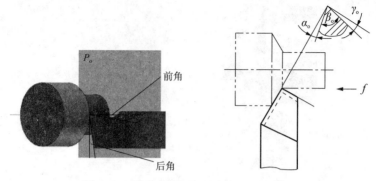

图 6.14　在正交平面上测量的刀具角度

注：正交平面 P_o 的下角标为"o"，故在该平面上测量的刀具角度下角标均有"o"。

6.4　车刀的切削性能与角度作用及选择

6.4.1　前角的作用及选择

1. 前角的作用

前角是车刀最重要的一个角度，它的大小决定了车刀的锋利程度与强度。加大前角，可使刃口锋利，减小切削变形和切削力，使切削轻快。但前角过大，会使楔角减小，降低了切削刃和刀头的强度，使刀头散热条件变差。

2. 前角的初步选择

前角的大小应根据工件材料、刀具材料以及加工性质进行选择。

（1）工件材料软时，可取较大的前角；工件材料硬时，应取较小的前角；

（2）车削塑性材料时，可取较大的前角；车削脆性材料时，应取较小的前角。

3. 根据粗、精加工选择前角

粗加工时，为了保证切削刃有足够的强度，应取较小的前角；精加工时，为了获得较细的表面粗糙度，应取较大的前角。

车刀前角的变化趋势，如图 6.15 所示。硬质合金车刀合理前角的参考值见表 6.5。

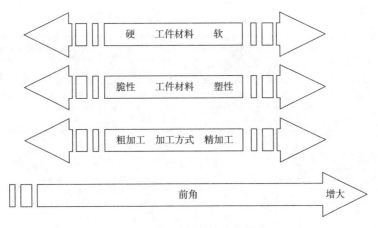

图 6.15　车刀前角的变化趋势

6.4.2　后角的作用及选择

1. 后角的作用

后角可减少刀具后刀面与工件加工表面之间的磨损，它配合前角调整切削刃的锋利程度和强度。

2. 后角的选择

（1）粗加工时，为了增强切削刃的强度，应取较小的后角；精加工时，为了减少后刀面与工件的摩擦，保证加工质量，应取较大的后角；

（2）工件材料较硬时，为了增强切削刃的强度，应取较小的后角；工件材料较软时，应取较大的后角。

车刀后角的变化趋势，如图 6.16 所示。硬质合金车刀合理后角的参考值见表 6.6。

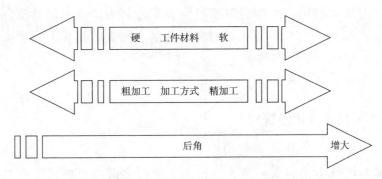

图 6.16　车刀后角的变化趋势

表 6.6 硬质合金车刀合理前角、后角参考值

工件材料种类	合理前角参考范围/(°)		合理后角参考范围/(°)	
	粗车	精车	粗车	精车
低碳钢	18~20	20~25	8~10	10~12
中碳钢	10~15	13~18	5~7	6~8
合金钢	10~15	13~18	5~7	6~8
淬火钢	-15 ~ -5		8 ~ 10	
不锈钢（奥氏体）	15~25	15~25	6~8	6~8
灰铸铁	10~15	5~10	5~7	6~8
铜及铜合金（脆）	10~15	5~10	8~10	8~10
铝及铝合金	30~35	35~40	8~10	8~10
钛合金 $\sigma_b \leq 1.177\text{GPa}$	5~10		14~16	

注：粗加工用的硬质合金车刀，通常都磨有负倒棱及负刃倾角。

6.4.3 主偏角的作用及选择

1. 主偏角的作用

主偏角影响刀尖部分的强度与散热条件，影响切削分力的大小。加大主偏角，刀尖角减小，刀尖强度减小，散热条件变差，刀具寿命降低；加大主偏角，径向力减小，轴向力增大。

2. 主偏角的选择

（1）工件刚性较好时，为了提高刀具的使用寿命，应取较小的主偏角；工件刚性较差时（细长轴），为了减小切削时的振动，提高加工精度，主偏角应取较大值（90°~93°）。

（2）对于大进给、大切削深度的强力车刀，为了减少背向抗力，一般取较大的主偏角（75°）。当工件材料的强度、硬度较高时，为了增加刀尖的强度，应取较小的主偏角。

硬质合金车刀主偏角的合理选择可参考表 6.7。

6.4.4 副偏角的作用及选择

1. 副偏角的作用

副偏角可减小副切削刃与工件已加工表面之间的摩擦，影响刀尖的强度和散热条件，影响工件已加工表面的粗糙度。

2. 副偏角的选择

副偏角的大小主要根据工件表面粗糙度和刀尖强度要求选择。硬质合金车刀副偏角的合理选择可参考表 6.7。

表 6.7 硬质合金车刀主偏角、副偏角参考值

加工情况		偏角数值/(°)	
		主偏角 κ_r	副偏角 κ_r'
粗车，无中间切入	工艺系统刚度好	45，60，75	5~10
	工艺系统刚度差	60，75，90	10~15
车削细长轴、薄壁件		90，93	6~10
精车，无中间切入	工艺系统刚度好	45	0~5
	工艺系统刚度差	60，75	0~5
车削冷硬铸铁、淬火钢		10~30	4~10
从工件中间切入		45~60	30~45
切断刀、切槽刀		60~90	1~2

6.4.5 刃倾角的作用及选择

1. 刃倾角的作用

刃倾角的主要作用是控制切屑的流出方向。当刃倾角为正时，切屑流向工件的待加工表面；当刃倾角为负值时，切屑流向工件的已加工表面；当刃倾角为零时，切屑垂直于主切削刃流出。图 6.17 所示为刃倾角取不同值时的切屑流向。

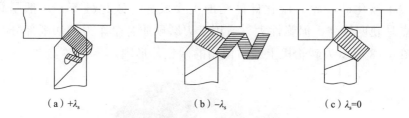

(a) $+\lambda_s$ (b) $-\lambda_s$ (c) $\lambda_s=0$

图 6.17 刃倾角取不同值时的切屑流向

2. 刃倾角的选择

刃倾角主要根据刀尖部分的要求和切屑流出方向选择，刃倾角的选择可参照表 6.8。

表 6.8 刃倾角 λ_s 数值选用表

$\lambda_s/(°)$	0~+5	+5~+10	0~-5	-5~-10	-10~-15	-10~-45	-45~-75
应用范围	精车钢,车细长轴	精车非铁金属	粗车钢和灰铸铁	粗车余量不均匀钢	断续车削钢和灰铸铁	带冲击切削淬硬钢	大刃倾角刀具薄切削

6.5 常用车刀的刃磨方法

在切削过程中，车刀的前刀面和后刀面始终处于剧烈的摩擦和切削热的作用之中，使车刀的切削刃口变钝而失去切削能力，因此必须要通过刃磨来恢复切削刃口的锋利和正确的车刀几何角度。

车刀刃磨可有机械刃磨和手工刃磨两种方法，而手工刃磨则是车工切削操作最基本的技能，也是车工操作水平高低的一个重要标志，所以车工必须掌握手工刃磨车刀的技术。

6.5.1 手工刃磨车刀设备

1．砂轮

1）砂轮的种类

刃磨车刀的砂轮大多采用平行砂轮，按其磨料的不同，常采用的砂轮有氧化铝砂轮和碳化硅砂轮两种。

（1）氧化铝砂轮。氧化铝砂轮主要成分有氧化铝等，该砂轮又称为刚玉砂轮，多数是白色，其特点是磨粒韧性好，比较锋利，代号 GH，硬度较低（指磨削时，磨粒容易从砂轮上脱落），自锐性好，适用于刃磨高速钢车刀和硬质合金车刀的刀体部分。

（2）碳化硅砂轮。碳化硅砂轮的主要成分有碳化硅等，一般呈绿色，其特点是硬度较高，但脆性大，适用于刃磨硬质合金车刀的切削部分。

图 6.18 所示为砂轮机上经常使用的砂轮外形图。

图 6.18 常用砂轮外形图

2) 砂轮的粒度

砂轮的粗细以粒度来表示。粒度号越大,说明砂轮越细,如 F120 比 F36 细小等。粗磨车刀一般选用 F80 或 F60 的粗粒度砂轮,以提高刃磨速度;精磨时则选用 F80 或 F120 的细粒度砂轮,以获得较光洁的刀具表面。

2. 砂轮机

砂轮机是用来刃磨各种刀具的常用设备,有电动机、砂轮机座、托架和防护罩等组成,如图 6.19 所示。

砂轮机启动后,应在砂轮旋转平稳后再进行刀具刃磨。若砂轮跳动明显,应及时停机修整。平行砂轮一般用砂条等修整工具对砂轮进行修整,如图 6.20 所示。

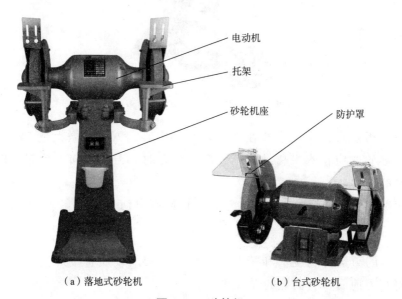

(a) 落地式砂轮机　　(b) 台式砂轮机

图 6.19　砂轮机

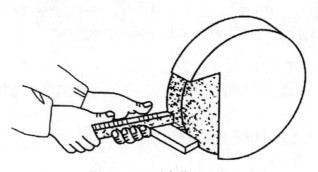

图 6.20　用砂条修整砂轮

6.5.2 手工刃磨操作

1. 刃磨车刀的姿势和方法

（1）刃磨车刀时，操作者应站在砂轮机的侧面，防止砂轮碎裂时，碎片飞出伤人。

（2）刃磨时右手紧紧握住刀体的前端，左手握住刀体的末端，尽量增大跨度，以保持刀体在操作者的手里均衡和掌握移动的平衡（图6.21）。

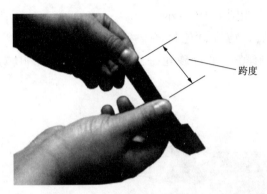

图6.21 刃磨时两手握刀的距离

（3）刃磨时，车刀应放在砂轮的水平中心，刀尖略微上翘 3°~8°，车刀接触砂轮时应作水平移动，车刀离开砂轮时，刀尖需向上抬起，以免碰伤磨好的刀刃。

（4）刃磨车刀时，不能用力过大，以防打滑伤手。

2. 刃磨车刀的顺序

车刀的刃磨分为粗磨和精磨两个阶段。刃磨硬质合金焊接车刀时，还需先将车刀前面、后面上的焊渣磨去。

（1）粗磨时，按主后面、副后面、前面的顺序进行刃磨。

（2）精磨时，按前面、主后面、副后面、修磨刀尖圆弧的顺序刃磨。

（3）刃磨硬质合金车刀时，还需用细油石研磨刀刃。

3. 刃磨车刀实例

以 YT15 硬质合金焊接的 90° 外圆车刀刃磨为例，来说明车刀的刃磨顺序和方法。

图6.22 为 YT15 硬质合金焊接的 90° 外圆车刀的刃磨技术要求。刃磨步骤及方法见表6.9。

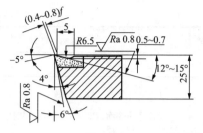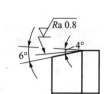

图 6.22 YT15 硬质合金焊接的 90° 外圆车刀

表 6.9 YT15 硬质合金焊接的 90° 外圆车刀的刃磨步骤及方法

步　骤	图　例	操作说明
粗磨刀体刃磨主后面		1）选用粒度号为 36 的氧化铝砂轮； 2）磨去车刀前面、后面上的焊渣，将刀体底面磨平； 3）在略高于砂轮中心水平位置处，将车刀翘起一个比后角大 2°~3° 的角度，粗磨刀体的后刀面和副后刀面，以形成后隙角，为刃磨车刀切削部分的主后刀面和副后刀面做准备
粗磨刀体刃磨副后面		
粗磨切削部分的主后刀面		1）选用粒度号为 60 的碳化硅砂轮； 2）刀体柄部与砂轮轴线保持平行，刀体底面向砂轮方向倾斜一个比主后角大 2°~3° 的角度； 3）刃磨时，将刀体上已磨好的主后隙面靠在砂轮外圆上，以接近砂轮中心的水平位置为刃磨的起始位置，然后使刃磨位置继续向砂轮靠近，并左右缓慢移动，一直磨至刀刃处为止； 4）磨出主偏角 $\kappa_r=90°$ 和主后角 $\alpha_o=4°$
粗磨切削部分的副后刀面		刀体柄部尾端向右偏摆，转过副偏角 $\kappa_r'=8°$，刀体向砂轮方向倾斜一个比副后角大 2°~3° 的角度

续表 6.9

步　骤	图　例	操作说明
粗磨前刀面	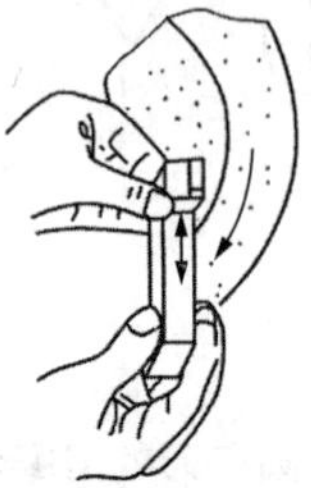	以砂轮的端面，磨出前刀面，同时磨出前角 γ_o，$\gamma_o=12°\sim15°$
刃磨断屑槽	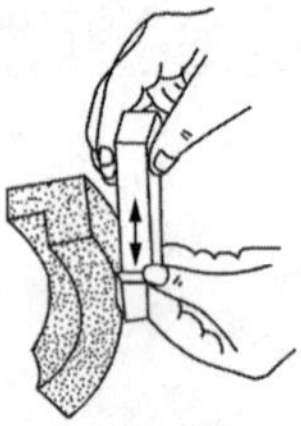 刀尖向下磨 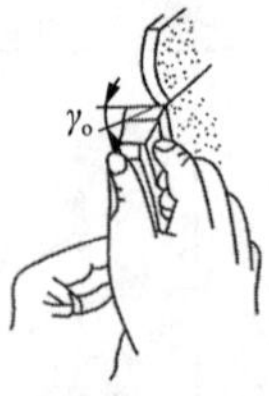　刀尖向上磨	1）磨削前，应先将砂轮圆柱面与端面的交角处，用金刚笔或硬砂条修成相应的圆弧； 2）刃磨时，刀尖向上或向下磨； 3）刃磨起点位置应该与刀尖、主切削刃离开一定的距离，防止切削刃和刀尖被磨塌
精磨主、副后刀面	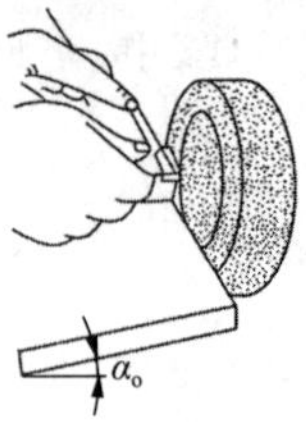 磨主后面 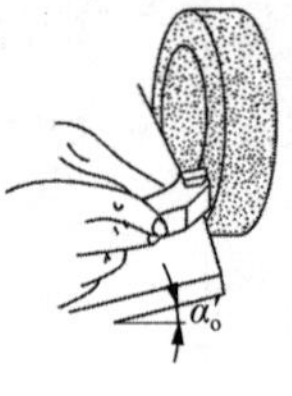　磨副后面	1）选用粒度号为 200 的碳化硅杯形砂轮并修正砂轮； 2）将车刀底平面靠在调整好角度的托架上，使切削刃轻轻靠住砂轮端面，并沿着端面缓慢地左右移动，保证车刀刃口平直

6.6　车削加工的其他刀具

在车削加工过程中，除了上述刀具外，还经常用到孔加工刀具，如：钻头、铰刀、丝锥和板牙等。

6.6.1　钻　头

目前车削加工中所用最多的钻头是麻花钻。麻花钻通常采用高速钢制成，在高速加工中也有使用整合硬质合金材料的麻花钻。

1. 钻头的种类及工作角度

1）麻花钻的种类

麻花钻分为直柄麻花钻、锥柄麻花钻、镶硬质合金麻花钻、机夹麻花钻四种，如图 6.23 所示。

图 6.23 麻花钻的种类

2）麻花钻的组成及作用

麻花钻一般由工作部分、柄部和颈部三部分组成，图 6.24 所示为麻花钻组成结构示意图。

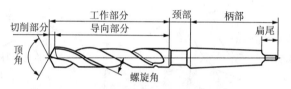

图 6.24 麻花钻组成及结构示意图

（1）柄　部。

钻头的柄部是与机床连接或被夹持的部分，柄部装夹时起定心作用，切削时起传递扭矩的作用。柄部的形式有直柄和莫氏锥度锥柄两种，一般直径为 13mm 以下的麻花钻用直柄，13mm 以上用锥柄。

锥柄麻花钻采用莫氏锥度，根据直径大小和角度的不同，分为莫氏 0 号、1 号～6 号。锥柄的扁尾既能增加传递的扭矩，又能避免工作时钻头打滑，还能供拆卸钻头时敲击用，图 6.25 为拆卸钻头示意图。

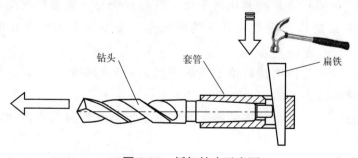

图 6.25 拆卸钻头示意图

（2）颈部。颈部位于柄部和工作部分之间，其作用是在磨削钻头时，供砂轮退刀用，还可用来刻印商标和规格说明。

（3）工作部分。工作部分是钻头的主要部分，由切削部分和导向部分组成。

切削部分——切削部分承担钻削中主要的切削工作。

导向部分——导向部分在钻孔时，起引导钻削方向和修磨孔壁的作用，同时也是切削部分的备用段。

工作部分的几何形状。麻花钻头工作部分的几何形状如图6.26所示。

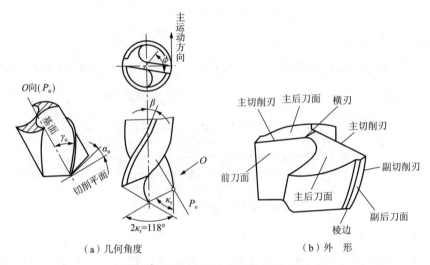

(a) 几何角度　　　　　(b) 外　形

图6.26　麻花钻头工作部分的几何形状

螺旋槽——麻花钻的工作部分有两条对称的螺旋槽，从而构成对称的两个正反切削刃，并且是排出切屑和注入冷却液的通道。

螺旋角——螺旋槽上最外缘的螺旋线展开成直线后与轴线之间的夹角，用符号β表示。由于同一只钻头的螺旋角导程是固定的，所以不同直径处的螺旋角随着直径的变化而变化，越靠近中心，螺旋角越小。钻头上的名义螺旋角是指外缘直径d处的螺旋角，标准钻头的螺旋角的范围是$18°\sim30°$。

前刀面——是指由螺旋槽形成的切削刃附近的螺旋槽面，是切屑流出时首先接触的钻头表面。

主后刀面——是指钻顶的螺旋圆锥面，即与工件过渡表面相对的钻头表面。

主切削刃——是指两前刀面与两后刀面分别形成的两条交线，它们承担着主要的切削工作。

顶角（$2\kappa_r$）——顶角是钻头两主切削刃之间的夹角。夹角的变化将影响主切削刃的直线度，如图 6.27 所示。标准麻花钻的顶角一般为 118°，这时两主切削刃为直线；当顶角大于 118° 时，两主切削刃为凹曲线；当顶角小于 118° 时，两主切削刃为凸曲线。

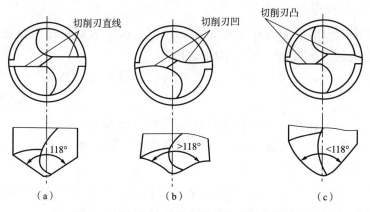

图 6.27 麻花钻顶角大小对切削刃的影响

前角——前角是前刀面与基面之间的夹角。对前角影响最大的是螺旋角，螺旋角越大，前角也越大。由于螺旋角随着测量直径的大小而变化，所以主切削刃上任一点的前角也随着钻头直径的变化而变化。直径大，前角大；直径小，前角小。而在钻头直径的 1/3 处转变为负前角，钻头前角的变化范围在 -30°~+30°。

后角——主切削刃上任意点的后角是该点正交平面与主后刀面之间的夹角，用符号 α_o 表示，如图 6.28 所示。

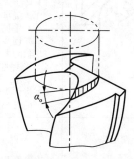

图 6.28 麻花钻的后角（在圆柱面内测量）

横刃——横刃是两个主后刀面的交线，也就是两主切削刃的连接线。

横刃太短会影响麻花钻的钻尖强度，横刃太长会使轴向力增大，对钻削不利。

棱边——棱边也称作韧带，既是副切削刃，也是麻花钻的导向部分。在切削过程中能保持确定的钻削方向、修光孔壁，还可作为切削部分的后备部分。

2. 钻头的刃磨方法

麻花钻的刃磨质量直接影响钻孔的尺寸精度、表面粗糙度及钻削效率。故对麻花钻的刃磨提出一些基本的要求。

（1）顶角 $2\kappa_r$ 为 $118°\pm 2°$，并被钻头轴线平分，即两侧的半角对称相同。

（2）两主后面外缘处主后角对称相等，一般为 $10°\sim 14°$。

（3）两主切削刃长度相等，外缘双肩高度一致，相对于钻头轴线对称。

（4）横刃斜角为 $50°\sim 55°$。

从上述要求可以看出，对麻花钻刃磨的主要要求是强调两切削刃的对称性，使两切削刃保持相同的切削状态，以保证切削力的均衡。

麻花钻主要切削角度的刃磨方法如表 6.10 所示。

表 6.10 麻花钻主要切削角度的刃磨方法

刃磨角度	图示	操作说明
顶角		1）右手握住在离切削刃约 30mm 处，左手握住钻头柄部作为定位支撑； 2）将钻头轴线与砂轮柱面素线在水平面的夹角等于顶角的一半 κ_r； 3）钻头轴线略高于砂轮水平中心平面，将一侧的主切削刃慢慢地靠近砂轮圆周表面； 4）产生火花后，右手轻轻施压，缓慢地使钻头绕自己的轴线由主切削刃向后刀面转动，左手则配合右手作缓慢地同步下压运动，并逐步加压，其下压的速度和幅度随主后角的大小变化； 5）按上述动作不断反复刃磨，直至达到刃磨要求； 6）将钻头转过 180°，用同样的方法磨出顶角的另一半 κ_r
后角		按顶角刃磨的方法，摆动范围至后角值

续表 6.10

刃磨角度	图 示	操作说明
横刃	修磨横刃	1）将钻头螺旋槽轻轻靠向砂轮，横刃的一端对准砂轮的尖角，稍加压力将横刃磨掉部分； 2）将钻头转过 180° 用同样的方法将另一端的横刃磨短，注意两边磨去的量要基本相等，使横刃保持在钻头的中间位置不变

6.6.2 铰刀

在孔加工中，为了提高和统一被加工孔的尺寸精度，可采用铰刀来对被加工孔进行铰孔。

1. 铰刀的结构

铰刀由工作部分、柄部和颈部组成。图 6.29 所示为机用铰刀结构。

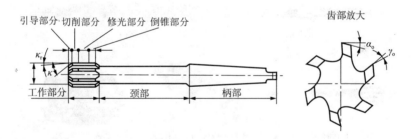

图 6.29 铰刀的结构

1）柄　部

柄部用来夹持和传递扭矩。

2）工作部分

工作部分由引导部分、切削部分、修光部分和倒锥部分组成。

（1）引导部分是铰刀开始进入孔内时的导向部分，其导向角 κ 一般为 45°。

（2）切削部分主要担负切削任务。

（3）修光部分上有棱边，起定向、碾光孔壁、控制铰刀直径和便于测量等作用。

（4）倒锥部分可减少铰刀与孔壁之间的摩擦，还可防止产生喇叭形孔和孔径扩大等问题。

2．铰刀的类型

1）铰刀按用途划分

铰刀按用途划分，有机用铰刀和手用铰刀两大类。

机用铰刀有锥柄和直柄两种。铰孔时由车床尾座定向，因此机用铰刀工作部分较短，主偏角较大。手用铰刀的柄部制作成楔形，以便套入铰杠铰削工件，手用铰刀的工作部分较长，主偏角较小。

2）按切削部分材料划分

铰刀按切削部分材料划分，有高速钢铰刀和硬质合金铰刀两大类。

3）按结构形式划分

铰刀按结构形式划分，有直柄直铰刀、锥柄直铰刀、直柄锥角刀、锥柄锥角刀和套式铰刀等。图6.30所示为不同结构的铰刀外形示意图。

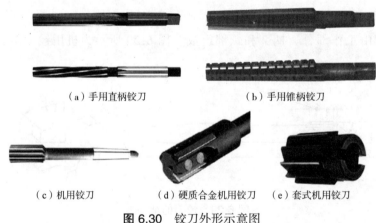

(a) 手用直柄铰刀　　(b) 手用锥柄铰刀

(c) 机用铰刀　　(d) 硬质合金机用铰刀　　(e) 套式机用铰刀

图 6.30　铰刀外形示意图

第 7 章 车工基本技能

在车床上可以加工的零件种类有很多,大致上可按结构分为轴类零件、套类零件、圆锥类零件,此外还有内外螺纹的加工等。图 7.1 列出本章的学习要点的思维导图。下面我们将详细地介绍各类零件的加工方法和步骤,以及注意事项。

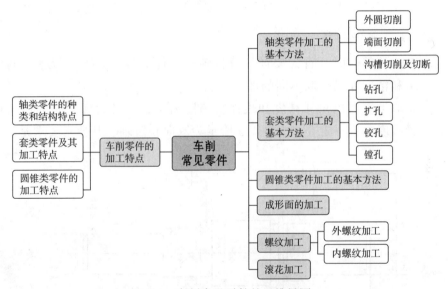

图 7.1 车削常见零件的思维导图

7.1 轴类零件的车削

7.1.1 轴类零件

1. 轴类零件的种类和结构

通常把横截面形状为圆形、长度大于直径三倍以上的杆件称为轴类零件。轴类零件上一般带有倒角、沟槽、螺纹、圆锥和圆弧等。按轴的形状和轴心线的位置可分为光轴、台阶轴、偏心轴和空心轴等。轴类零件的结构特点如图 7.2 所示。

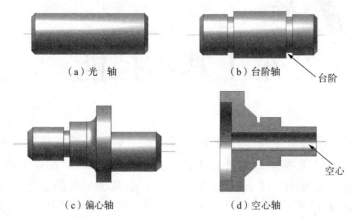

图 7.2 轴的种类

2. 轴类零件的技术要求

加工轴类零件时，首先要详细分析轴类零件的技术要求，根据不同的技术要求和精度等级采取不同的加工方法。

一般轴类零件以尺寸精度和表面粗糙度为主，对各表面之间的形状精度和位置精度也有一定要求。图 7.3 所示为双向台阶轴，其技术要求是：

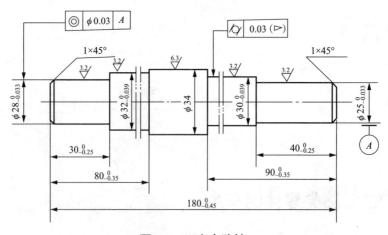

图 7.3 双向台阶轴

（1）尺寸精度和表面粗糙度要求：$\phi 32_{-0.039}^{0}$mm、$\phi 30_{-0.039}^{0}$mm、$\phi 28_{-0.039}^{0}$mm、$\phi 25_{-0.033}^{0}$mm，表面粗糙度均为 $Ra3.2\mu m$ 。

（2）形状精度要求：ϕ30mm 外圆的圆柱度公差为 0.03mm。

（3）位置精度要求：ϕ28 外圆对 ϕ25 外圆的同轴度公差为 0.03mm。

7.1.2 车削轴类零件加工的基本方法

1. 车削外圆操作

车削外圆是车工最常用的加工手段之一，其操作步骤如下：

（1）按技术要求找正并夹紧工件。

（2）正确选择和装夹工序所需刀具。

（3）根据选定的进给量，将进给箱手柄调节至恰当的挡位上。

（4）根据选定的切削速度调整车床主轴转速。

（5）根据加工要求，调节背吃刀量。

（6）进行试切削。

背吃刀量的大小主要根据粗车和精车的阶段划分。一般来说，粗车背吃刀量较大，精车背吃刀量较小。由于毛坯表面质量不一样，故常常采用试切削法来控制背吃刀量的大小。表 7.1 所示为试切削的操作步骤。

表 7.1 试切削的操作步骤

步骤	图例	操作说明
确定背吃刀量的起始位置		1）启动车床； 2）移动大溜板，使刀尖位于被加工零件右端面的内侧 2～3mm 处； 3）移动中溜板使车刀刀尖与工件表面轻轻接触，并车出一浅痕
径向进给对零		1）缓慢移动大溜板，向右退出工件； 2）调整中溜板刻度盘，使标记线对准零位
调整背吃刀量		1）根据所选定的背吃刀量，利用中溜板刻度盘数值控制背吃刀量 a_{p1}（0.10mm）； 2）当刻度盘手轮摇至所需的背吃刀量刻度值时，应慢慢摇动或轻轻敲击手柄

步 骤	图 例	操作说明
试 切		向左移动大溜板切削外圆，试切长度约为 2mm
测 量		1）向右缓慢移动大溜板退出车刀； 2）停止机床； 3）测量已加工处的直径值
调整背吃刀量		1）根据测量值，调整背吃刀量 a_{p2}； 2）启动车床，纵向机动进给

2．端面车削

车削端面，通常使用 90°偏刀或 45°偏刀进行加工。装刀时，要严格保证车刀刀尖对准工件旋转中心（可在刀体下垫刀垫，如图 7.4（c）所示），否则工件端面中心将会留下凸头并可能损坏刀具，如图 7.4 所示。

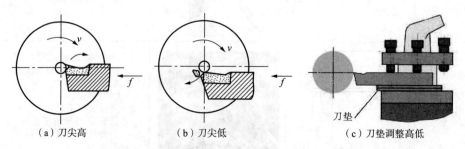

图 7.4　车刀刀尖不对准工件中心使刀尖崩碎

车端面时,为了控制工件的长度,一般从工件外圆向中心进刀,如图7.5 所示。使用 90°车刀时,为使主切削刃参加切削,也可从中心向外圆走刀(注意刀具的安装角度)。

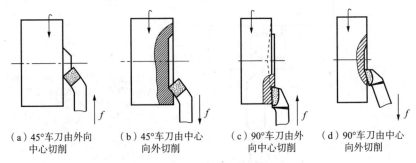

(a) 45°车刀由外向中心切削　　(b) 45°车刀由中心向外切削　　(c) 90°车刀由外向中心切削　　(d) 90°车刀由中心向外切削

图 7.5　车端面的方法

3. 车削沟槽与切断

1) 车削沟槽工件的方法

(1) 车槽刀的安装。车槽刀安装时应遵守以下原则:

① 伸出长度不宜过长,以免产生震动,降低刀具强度;

② 刀具中心线必须与工件中心线垂直,保证两副偏角对称;

③ 刀尖高度应与工件中心线等高,以避免刀尖折断。

(2) 车槽方法。切削沟槽的方法如表 7.2 所示。

表 7.2　沟槽的切削方法

加工要求	图　例	操作说明
槽宽较窄,精度要求不高		对于加工尺寸小于 6mm 的窄槽,一般可用与槽宽相等的切断刀,采用直进法一次进给切入
精度要求高		1) 使用小于槽宽的切断刀; 2) 直进法切入,两侧留有精车余量; 3) 使用等宽切断刀切入; 4) 也可使用原切断刀进行精车

续表 7.2

加工要求	图 例	操作说明
宽 槽	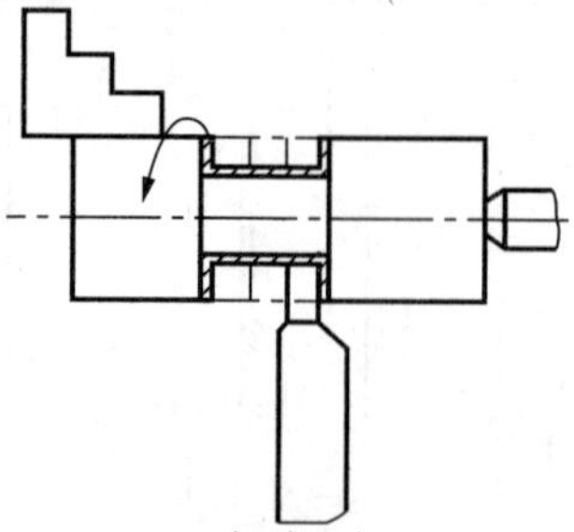 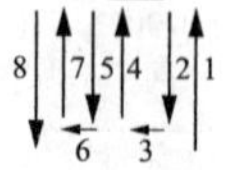 粗加工刀具轨迹 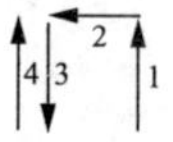 精加工刀具轨迹 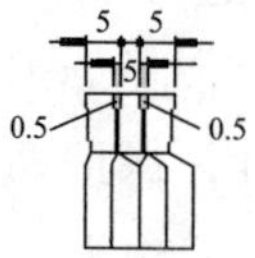	车削较宽的沟槽一般采用多次直进法进行切削，并在槽壁两侧留有精车余量，然后根据槽宽和槽深进行精车； 粗加工时的纵向进刀，应采用一刀压一刀的进给方式； 【实例】槽宽 15mm，刀宽 5mm，两侧各留 0.2mm 精加工余量： 1）第一刀切槽宽度为 5mm，退刀； 2）纵向移动 4.5mm（压刀 0.5mm），切槽，退刀； 3）纵向移动 4.5mm，切槽，退刀； 4）纵向移动 0.6mm，切槽，退刀； 注：粗加工槽宽 14.6mm（15-0.2×2）
窄梯形槽	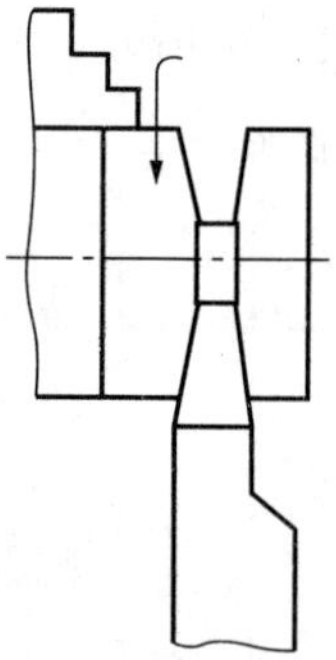	使用成形车刀，采用直进法直接车出
宽梯形槽	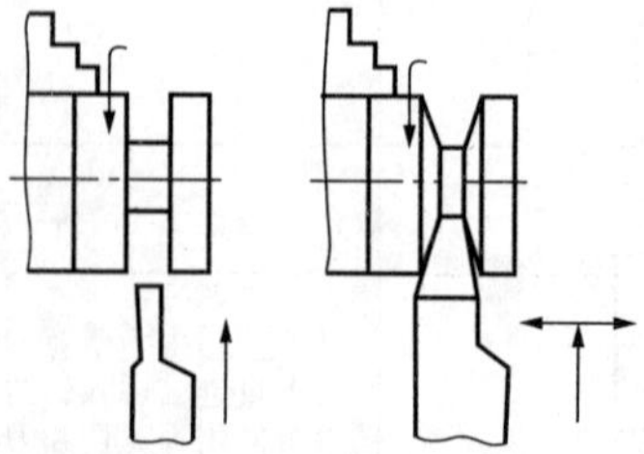	1）使用切槽刀直进法切出直槽（注意底部宽度）； 2）使用成形刀采用直进法直接车出或左右切法车削完成

2）切断方法

工件的切断方法有很多，表 7.3 只列出常见的几种切断方法。

表 7.3 工件的切断方法

切断方法	图例	操作说明
直进法		垂直于工件轴向进给
左右借刀法		切断刀在轴向反复移动,随之两侧径向进给,直到工件切断
反切法		对于较大的工件,采用工件反转,车刀反向安装的方法进行切削

为了使被切下的工件不带有小凸头,或者带孔工件不留有变形毛刺,可以将切槽刀的主切削刃稍微磨斜一些,如图 7.6 所示。

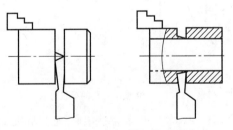

图 7.6 切断刀主切削刃的刃磨角度

4. 钻中心孔的方法

钻中心孔是车削加工中最常用的加工方法之一,钻中心孔所用刀具是中心钻。中心钻用于孔加工的预制精确定位,引导麻花钻进行孔加工,减少误差。

1) 中心孔的类型

国家标准《中心钻》(GB/T 6078—2016)规定,中心钻有 A 型(不带护锥)、B 型(带护锥)、C 型(带螺纹)和 R 型(弧形)四种。

2)中心孔的特点及尺寸

以上四种中心孔,孔的形状不同,用途也不相同。中心孔的形状及特点见表 7.4。

表 7.4 中心孔的特点及尺寸

类别	图例	特点
A 型	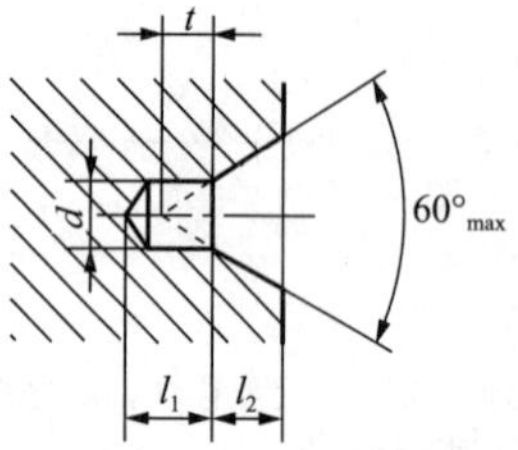	A 型中心孔由圆锥孔和圆柱孔两部分组成。圆锥孔的圆锥角一般为 60°(重型工件用 90°)。 它跟顶尖配合,用来承受工件重量、切削力和定中心;圆柱孔用来储存润滑油和保证顶尖的锥面和中心孔圆锥面配合密实,不使顶尖端与中心孔底部相碰,保证定位正确
B 型	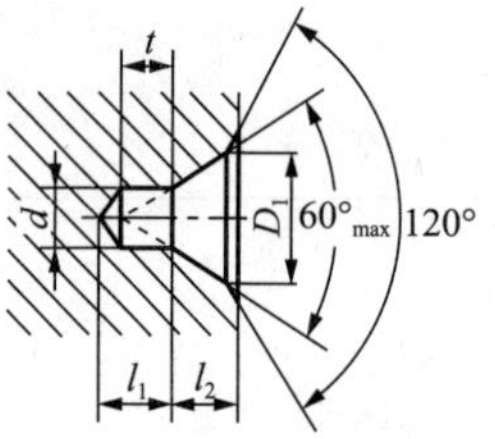	B 型中心孔是 A 型中心孔的端部另加上 120° 的圆锥孔,用来保护 60° 锥面不致碰毛,并使端面容易加工。一般精度要求较高、工序较多的工件用 B 型中心孔
C 型	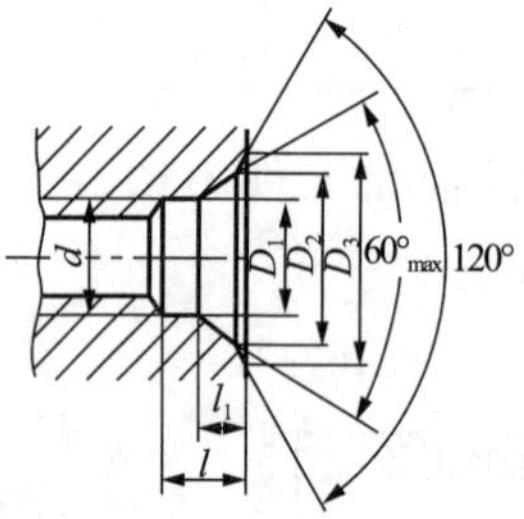	C 型中心孔的前面是 60° 中心孔,接着有一个短圆柱孔(保证攻螺纹时不致碰毛 60° 锥孔),后面有一个内螺孔。一般是把其他零件轴向固定在轴上时采用 C 型中心孔
R 型	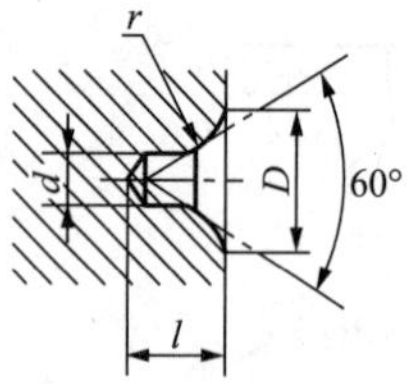	R 型中心孔的形状与 A 型中心孔相似,只将 A 型中心孔的 60° 圆锥改为圆弧面。这样与顶尖锥面的配合变成线接触,在装夹工件时,能自动纠正少量的位置偏差

3)钻中心孔

中心孔的公称尺寸等于或小于 6mm 时,可以直接用中心钻钻出。中心孔的最大直径为 6mm,它的结构形状如图 7.7 所示。

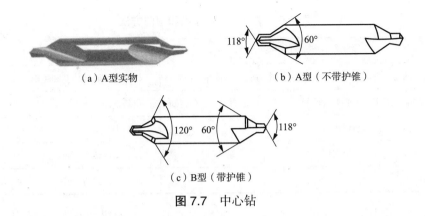

图 7.7 中心钻

在车床上钻中心孔，通常有两种方法：

（1）工件（棒料）直径小于车床主轴内孔直径。钻中心孔时，尽可能把棒料伸进主轴内孔中去，经校正，夹紧后把端面车平；把中心钻装夹在钻夹头中夹紧；开动车床，均匀摇动尾座手柄来移动中心钻实现进给。待钻到所需的尺寸后，稍停留，使中心孔得到修光和圆整，然后退刀，如图 7.8 所示。

（2）工件（棒料）直径大于车床主轴内孔直径。钻中心孔时，工件的一端用卡盘装夹，在距另一端 70~100mm 处用中心架支撑，车平右端面后，钻中心孔。图 7.9 所示为在中心架上钻孔示意图。

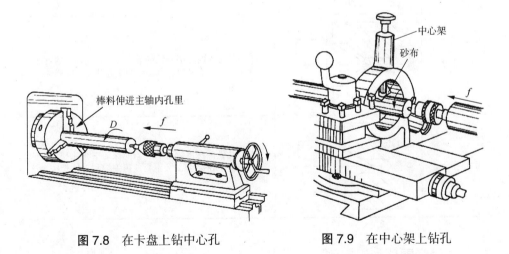

图 7.8 在卡盘上钻中心孔　　　图 7.9 在中心架上钻孔

4）钻中心孔时的注意事项

（1）防止中心钻折断。钻中心孔时，如果中心钻的圆柱部分的直径（d）较小，当切削力过大时会折断中心钻部分，常见的折断原因和预防方法如表 7.5 所示。

表 7.5 中心钻折断原因和预防方法

原　因	预防方法
中心钻与工件旋转轴心不一致，使中心钻受力后弯曲折断	校正尾座轴线使其和主轴轴线重合
工件端面不平，中心处有凸起，使中心钻不能定心而折断	重新把凸起车平
中心钻已磨损，强行进给	修磨中心钻
工件转速太低，进给太快	提高工件转速，降低进给速度
切屑堵塞	注入充足的切削液

（2）掌握中心孔的钻削深度。钻削中心孔时，如果深度控制不当，则起不到辅助支撑和定心的目的。表 7.6 所示为三种钻削中心孔的深度对辅助支撑的影响。

表 7.6 中心孔的深度对辅助支撑的影响

原　因	图　例	结　果
中心孔过浅		中心孔过浅时，中心孔处没有 60°护锥。当顶尖顶入中心孔时，顶尖与中心孔的接触为线接触，定心精度较差，并容易在顶尖的圆锥面上留有摩擦后的圆环痕迹，使顶尖的精度下降
中心孔过深		中心孔过深时，中心钻的最大直径为孔外侧的直径。当顶尖顶入中心孔时，其结果与中心孔过浅一样
中心孔合适		中心孔钻的深度合适时，既能保证中心孔和顶尖的定心锥面紧密结合，又不会使顶尖端和工件相碰，这时定心准确

7.1.3 轴类零件加工实例

1. 外圆、端面和台阶的加工

图 7.10 所示为一加工外圆、端面和台阶的轴类零件。轴长 100mm，外圆只有两个尺寸 ϕ60mm 和 ϕ50mm，轴上三个倒角全部是 1.5×45°倒角，

两外圆表面粗糙度为 $Ra3.2\mu m$。加工过程如表 7.7 所示。

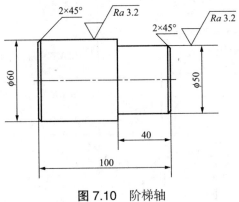

图 7.10 阶梯轴

表 7.7 外圆、端面和台阶轴的加工过程

步 骤	图 例	操作说明
1. 下 料		45 钢棒料,尺寸为 $\phi 65mm \times 102mm$
2. 准备量具		准备好钢板尺、游标卡尺等量具
3. 装夹找正		1）将棒料插入三爪自定心卡盘,外部留 65mm 长度; 2）用三爪扳手夹紧零件; 3）缓慢旋转主轴,查看零件的伸出端径向摆动情况。若摆动量较大,则松开三爪,转动零件,使零件和三爪在圆周上有一个相对转动,再夹紧工件; 4）由于该零件的三爪夹持的长度较长,所以,不需要划针或百分表找正
4. 刀具准备		1）90° 外圆车刀（左）,车削外圆; 2）45° 外圆车刀（右）,车削端面及倒角

续表 7.7

步 骤	图 例	操作说明
5. 车端面		用 45°外圆车刀车削右端面，走刀路线为①→②→③，见光即可； 转速为 500r/min； 进给量为 0.15mm/r
6. 车 φ60 外圆		1）用 90°外圆车刀车削 φ62mm 外圆，长度为 62mm，转速为 400r/min，进给量为 0.3mm/r； 2）用 90°外圆车刀车削 φ60mm 外圆，长度为 62mm，转速为 500r/min，进给量为 0.06mm/r； 3）走刀路线①→②→③→④
7. 车倒角		用 45°外圆车刀纵向进给车削倒角 1.5×45°，走刀路线为①→②，当刀刃碰到工件后向左移动 1.5mm
8. 掉头找正装夹		1）将已加工部分插入三爪，用薄铜皮裹住三爪加持部分，外部留 55mm 长度； 2）用三爪扳手夹紧零件； 3）缓慢旋转主轴，查看零件伸出端径向摆动情况。若摆动量较大，则要松开三爪，转动零件，使零件和三爪在圆周上有一个相对转动，再夹紧工件； 4）由于技术要求中没有要求位置公差，所以，径向跳动要求不高，不需要用百分表进行找正
9. 车端面		用 45°外圆车刀车削右端面，走刀路线①→②→③，保证尺寸为 40mm； 转速为 500r/min； 进给量为 0.15mm/r

步 骤	图 例	操作说明
10. 车 $\phi 50$ 外圆		1）用 90° 外圆车刀车削 $\phi 50$ 外圆，长度为 40mm； 2）走刀路线为①→②→③； 3）$\phi 55$mm、$\phi 52$mm、$\phi 50$mm 三次走刀； 4）转速为 500r/min；前两次进给量为 0.3mm/r，最后一次进给量为 0.06mm/r
11. 车倒角		用 45° 外圆车刀纵向进给车削倒角 2-1.5×45°，走刀路线为①→②，当刀刃碰到工件后横向移动 1.5mm； 转速为 500r/min； 进给量为 0.15mm/r

2. 具有沟槽轴的加工

图 7.11 所示为一具有沟槽的轴。轴长 60mm，外圆只有一个尺寸 $\phi 50$mm，轴两端各有 1 个 1×45° 倒角，两外圆表面粗糙度为 $Ra3.2\mu m$。加工过程如表 7.8 所示。

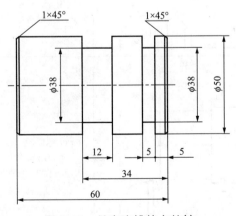

图 7.11 具有沟槽特点的轴

表 7.8 具有沟槽特点轴的加工过程

步　骤	图　例	操作说明
1. 下　料	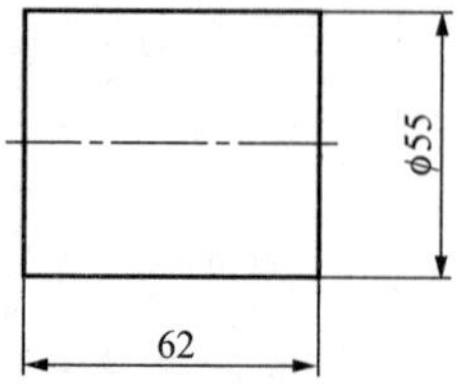 （$\phi 55$ × 62 示意图）	45 钢棒料，尺寸为 $\phi 55mm \times 62mm$
2. 准备量具	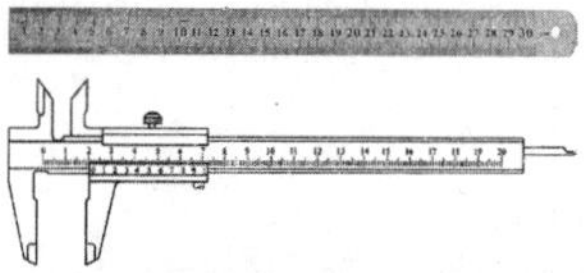 （钢板尺、游标卡尺示意图）	准备钢板尺、游标卡尺
3. 装夹找正	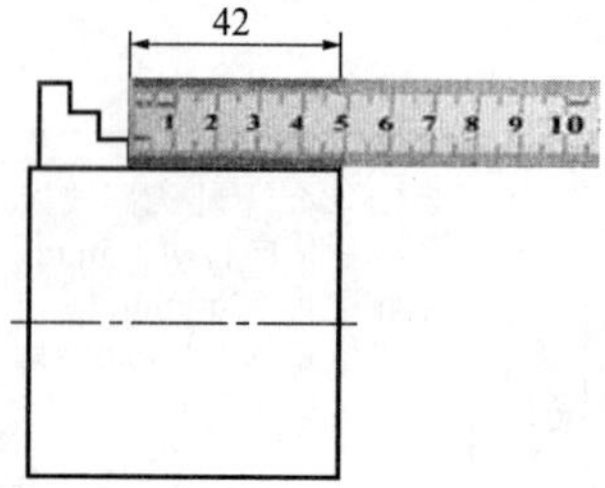 （装夹示意图，42mm）	1）将棒料插入三爪，外部留 42mm 长度； 2）用三爪扳手夹紧零件
4. 刀具准备	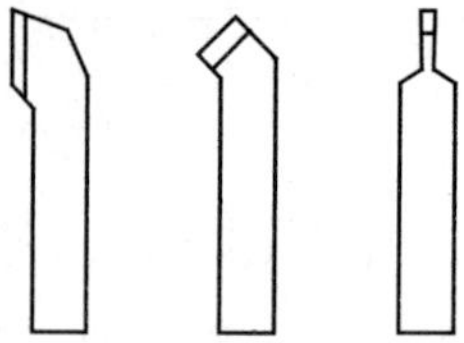 （三把车刀示意图）	1）90° 外圆车刀（左），车削外圆； 2）45° 外圆车刀（中），车削端面及倒角； 3）切断刀（右），刀宽 5mm
5. 车端面	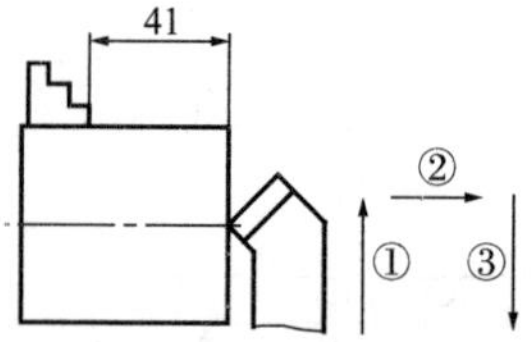 （车端面示意图，41mm，走刀路线①→②→③）	使用 45° 外圆车刀车削右端面，走刀路线为①→②→③，尺寸为 41mm（见光即可）
6. 车外圆	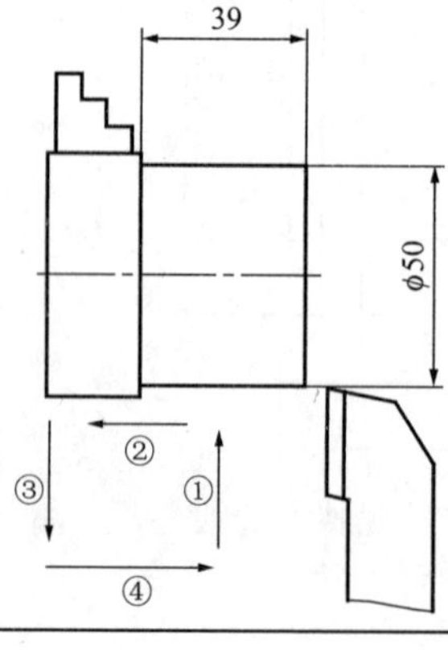 （车外圆示意图，39mm，$\phi 50$，走刀路线①→②→③→④）	1）90° 外圆车刀车削 $\phi 50$ 外圆，长 39mm； 2）走刀路线为①→②→③→④； 3）$\phi 52mm$、$\phi 50mm$ 两次走刀

7.1 轴类零件的车削　113

续表 7.8

步 骤	图 例	操作说明
7. 倒 角		用 45° 外圆车刀纵向进给车削倒角 1×45°，走刀路线为①→②，当刀刃碰到工件后横向移动 1mm
8. 切窄槽		1) 用切断刀的左刀尖对准工件的右端面； 2) 径向退刀，退出工件最大外径； 3) 刀具向左移动 10mm； 4) 径向进刀至工件的外圆表面，进给手柄调零； 5) 径向进刀至 ϕ38mm； 6) 径向退刀； 7) 进给量为 0.05mm/r
9. 切宽槽		1) 使切断刀的右刀尖与工件右端面对齐（在工件外圆之外）； 2) 刀具向左移动 22mm；（注：34-12=22mm） 3) 径向进刀至工件外圆表面，计零； 4) 径向进刀至 ϕ38mm； 5) 径向退刀； 6) 向右移动 4.5mm（比刀宽窄一些）； 7) 重复步骤 4)、5)； 8) 向右移动，直至切出整个槽宽 12mm； 9) 进刀路线为①→②→③
10. 掉头装夹		掉头装夹找正
11. 车端面		用 45° 外圆车刀车削右端面，走刀路线为①→②→③，尺寸为 26mm

续表 7.8

步 骤	图 例	操作说明
12. 车外圆		1）90°外圆车刀车削 φ50 外圆，车至沟槽； 2）走刀路线为①→②→③→④； 3）φ52mm、φ50mm 两次走刀
13. 倒 角		用 45°外圆车刀纵向进给车削倒角 1×45°，走刀路线为①→②，当刀刃碰到工件后横向移动 1mm

3. 具有同轴度要求的轴的加工

图 7.12 所示为具有同轴度要求的轴。材料：45 号钢，轴长 120mm，其中最大直径 φ32mm 的中心线相对于最小直径 φ20mm 的中心线的同轴度为 φ0.025mm。两端各有 1 个 1×45°倒角，φ20mm、φ26mm 外圆的表面粗糙度为 $Ra3.2\mu m$，φ32 外圆的表面粗糙度为 $Ra1.6\mu m$。加工过程如表 7.9 所示。

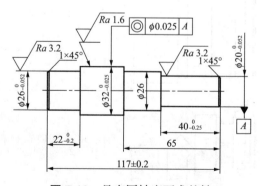

图 7.12　具有同轴度要求的轴

表 7.9 具有同轴度要求的轴的加工过程

步骤	图例	操作说明
1. 下料	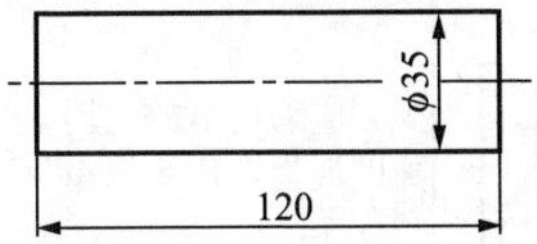	45 钢棒料； 尺寸为 $\phi 35 \text{mm} \times 120 \text{mm}$
2. 准备量具	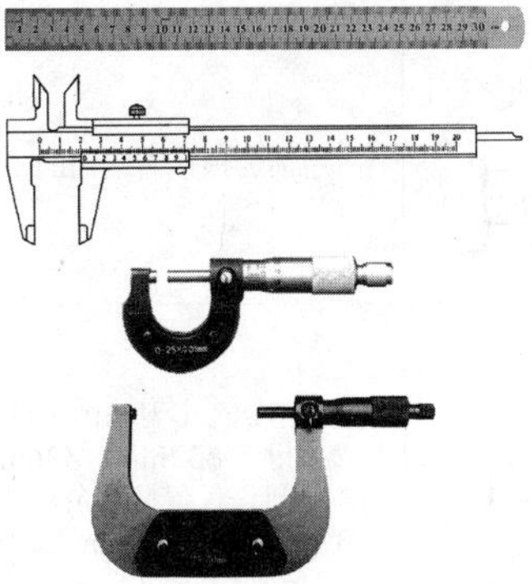	准备的量具如下： 1）钢板尺； 2）游标卡尺； 3）0~25mm 外径千分尺； 4）25~50mm 外径千分尺
3. 准备刀具	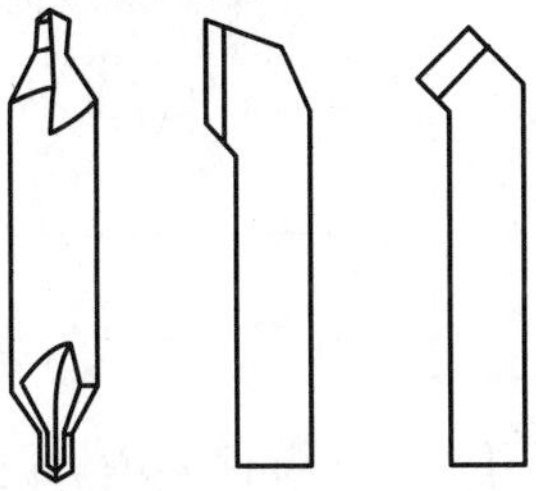	准备 B2.5 中心钻、45°偏刀、90°偏刀
4. 装夹找正	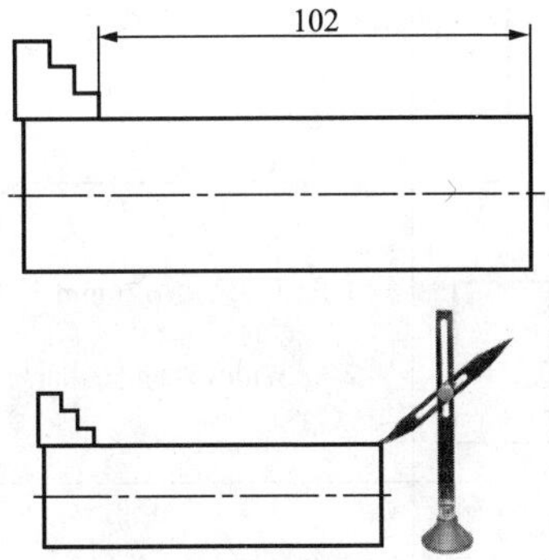	1）将棒料插入三爪，外部留 102mm 长度； 2）用三爪扳手轻轻地夹住工件； 3）用划针找正； 4）用三爪扳手夹紧零件
5. 车端面	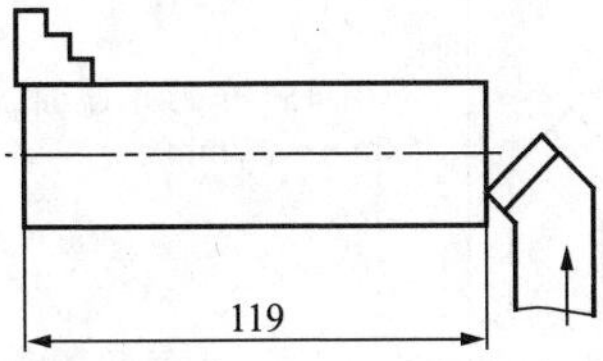	用 45°偏刀车削工件右端面。由于工件伸出端较长，所以主轴转速不宜过高（300r/min 左右），横向进给速度不宜过大，背吃刀量每次 0.4mm 左右，端面见光即可

续表 7.9

步 骤	图 例	操作说明
6. 钻中心孔	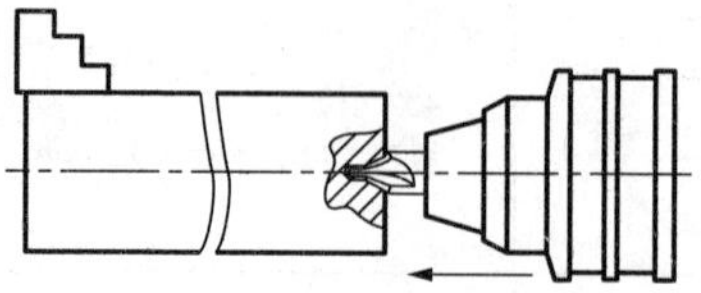	应采用 B2.5 型中心钻钻中心孔，要求深度适当；转速为 400r/min
7. 一夹一顶	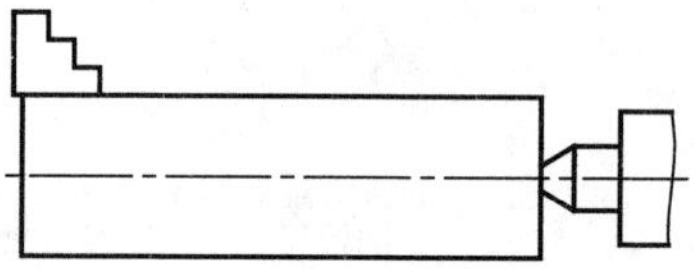	用顶尖顶住右端面的中心孔
8. 车外圆	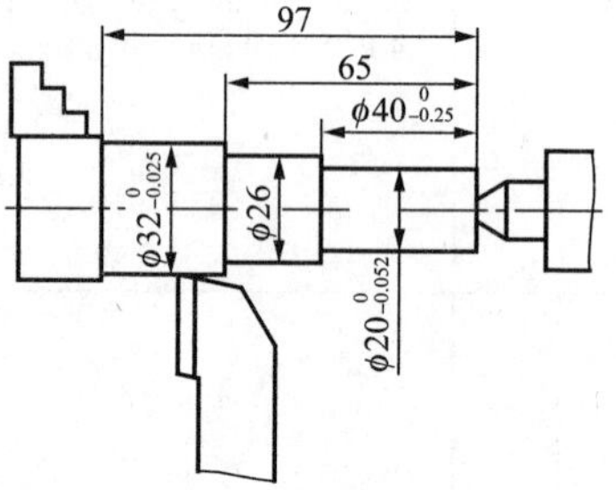	1）用 90°车刀车削工件； 2）粗车 $\phi32$mm、$\phi26$mm、$\phi20$mm 的外圆，各留精车余量 0.3mm； 3）精车 $\phi32_{-0.025}^{0}$mm、$\phi26$mm、$\phi20_{-0.052}^{0}$mm 外圆至尺寸要求； （注：根据机床刚度选择背吃刀量） 粗车时，采用低速大走刀量（转速 320r/min，进给量为 0.3mm/r）
9. 倒 角	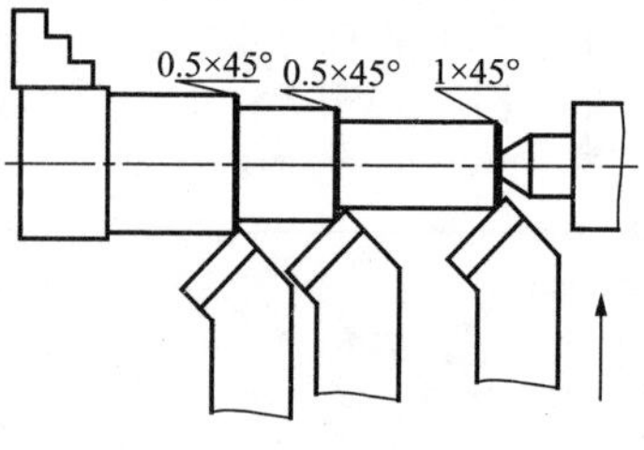	用 45°车刀倒角 1×45°，锐角倒钝 0.5×45°
10. 工件掉头	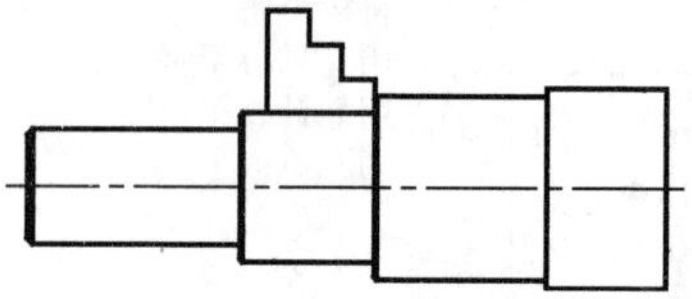	1）掉头装夹 $\phi26$mm 外圆（表面包一层薄铜皮）； 2）$\phi32$mm 外圆左端面与三爪右端面靠紧
11. 车端面	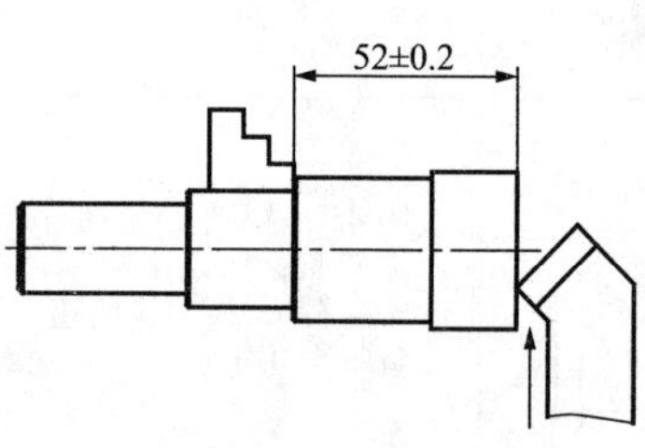	用 45°车刀车端面，保证轴向尺寸为 52mm±0.2mm

续表 7.9

步　骤	图　例	操作说明
12. 车外圆		1）用 90° 车刀粗车 $\phi26$mm 外圆，留精车余量 0.3mm； 2）精车 $\phi26_{-0.052}^{0}$mm 及长度 $22_{-0.20}^{0}$mm 至尺寸要求
13. 倒　角		用 45° 车刀倒角 $1\times45°$，锐角倒钝 $0.5\times45°$

4. 采用双顶尖车削的轴

图 7.13 所示的轴与图 7.12 类似，都具有同轴度要求。但是本例的同轴度要求是轴的两端具有同轴度，装夹方式与图 7.12 有所不同。

材料：45 号钢，轴长 180mm，其中右端直径为 $\phi30$mm 的中心线相对于最左端直径为 $\phi30$mm 的径向跳动为 $\phi0.025$mm。轴端有 4 个 $1\times45°$ 倒角，$\phi30$mm、$\phi36$mm 外圆的表面粗糙度为 $Ra3.2\mu m$，$\phi42$mm 外圆的表面粗糙度为 $Ra6.3\mu m$。加工过程如表 7.10 所示。

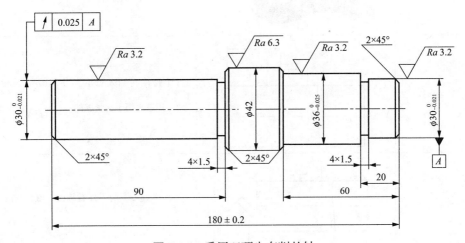

图 7.13 采用双顶尖车削的轴

表 7.10 两端具有同轴度要求的轴的加工过程

步　骤	图　例	操作说明
1. 下　料	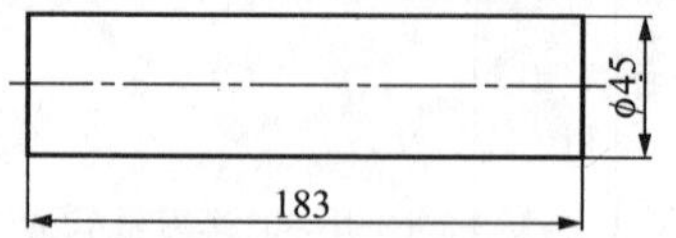	45 钢棒料； 尺寸为 $\phi 45mm \times 183mm$
2. 准备量具	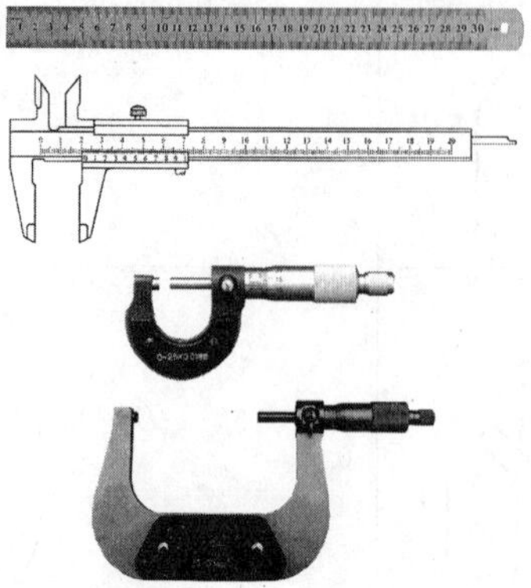	准备钢板尺、游标卡尺、0~25mm 外径千分尺、25~50mm 外径千分尺
3. 准备刀具	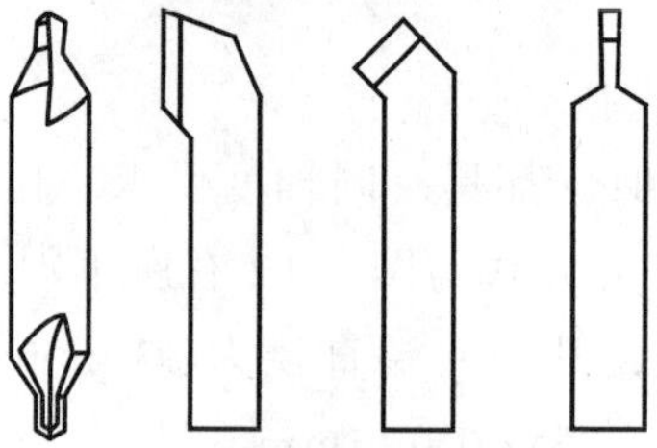	准备 B2.5 中心钻、45°偏刀、90°偏刀
4. 准备夹具		1）准备活顶尖 2）准备鸡心夹头
5. 装夹找正	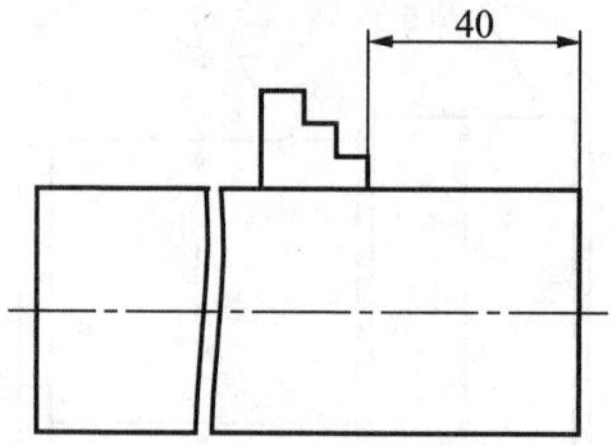	1）将棒料插入三爪，外部留 40mm 长度； 2）用三爪扳手夹紧零件
6. 车端面	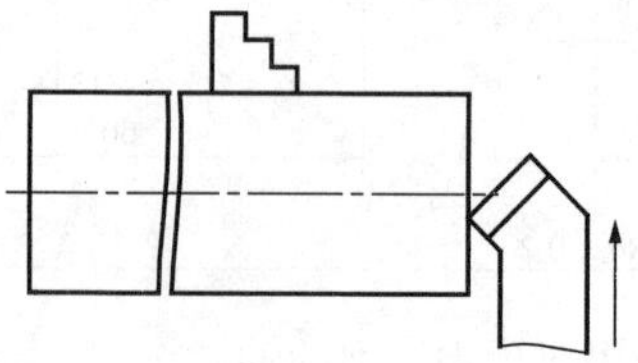	用 45°偏刀车削工件右端面，端面见光即可

续表 7.10

步　骤	图　例	操作说明
7. 钻中心孔	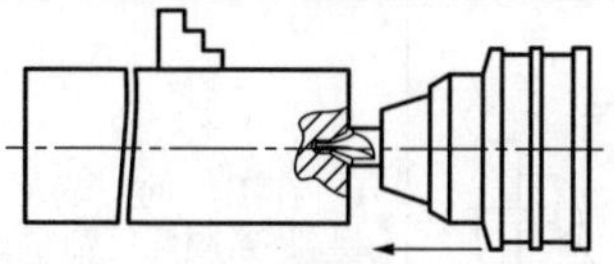	采用 B2.5 型中心钻钻中心孔，深度适当
8. 掉头装夹	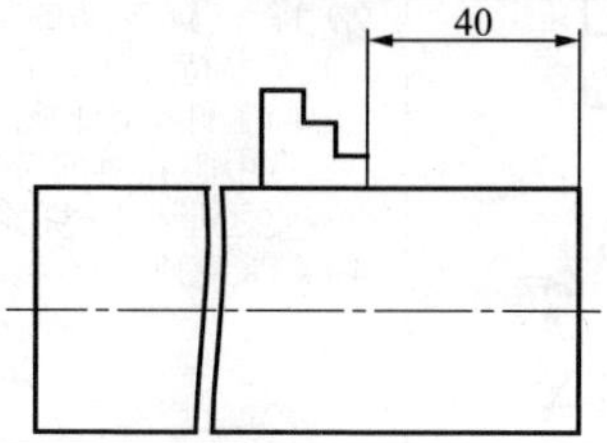	1）将棒料掉头插入三爪，外部留 40mm 长度； 2）用三爪扳手夹紧零件
9. 车端面	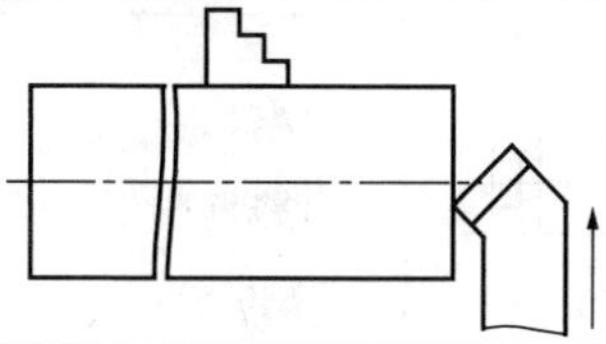	用 45°偏刀车削工件右端面，保证总长 180mm±0.2mm
10. 钻中心孔	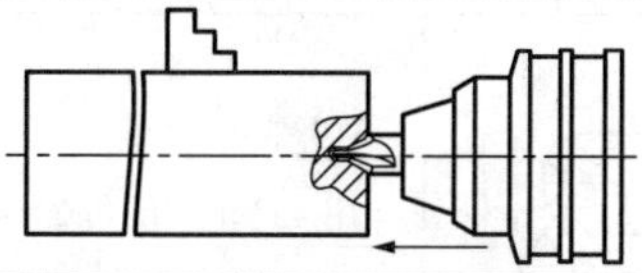	采用 B2.5 型中心钻钻中心孔，深度适当
11. 车削前顶尖	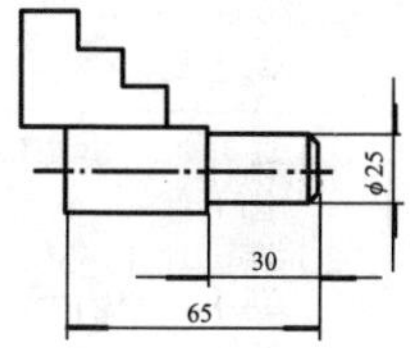 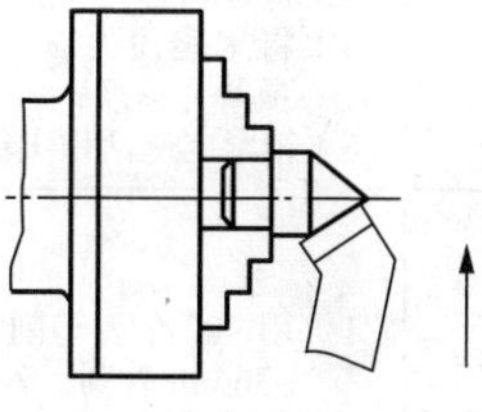 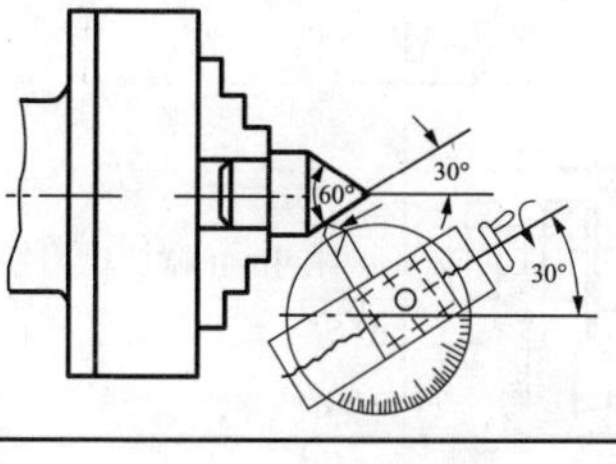	1）车削台阶轴：$\phi 30\times 65$ 棒料一根，按上图车削台阶轴 $\phi 25\times 30$； 2）掉头装夹； 3）车削前顶尖：先用 45°车刀（搬至近似的角度）粗车 $\phi 30$ 有端面的 60°倒角； 4）小溜板逆时针方向扳 30°，摇动小溜板手柄，车 60°锥面

续表 7.10

步骤	图例	操作说明
12. 重新装夹		1）在工件的一端装上鸡心夹头，用扳手将紧固螺钉锁紧； 2）将有鸡心夹头的一端装在前顶尖上； 3）左手持稳工件，右手摇动尾座手轮，当工件中心孔与顶尖靠近时，要使工件中心孔对准后顶尖，再摇动后顶尖使之进入中心孔将工件顶紧； 4）锁紧尾座活顶尖锁紧手柄
13. 切槽		用 4mm 宽切槽刀切槽，单边深 1.5mm
14. 倒角		用 45° 车刀倒角 2×45°
15. 掉头装夹		1）松开鸡心夹头锁紧螺钉，将鸡心夹头卸下； 2）在已加工 $\phi30$mm 的外圆靠近端面处垫上一圈铜皮； 3）装上鸡心夹头，用扳手将紧固螺钉锁紧； 4）将有鸡心夹头的一端装在前顶尖上； 5）将尾座顶尖顶入另一头的顶尖孔中，顶紧力适度； 6）锁紧尾座活顶尖锁紧手柄
16. 车外圆		1）用 90° 车刀车削工件，粗车 $\phi30$mm、$\phi36$mm 外圆，各留精车余量 0.3mm； 2）精车 $\phi30_{-0.021}^{0}$mm，长 20mm，$\phi36_{-0.025}^{0}$mm，长 40mm
17. 切槽		用 4mm 宽切槽刀切槽，单边深 1.5mm

续表 7.10

步 骤	图 例	操作说明
18.倒角		用 45° 车刀倒角 $2 \times 45°$，锐角倒钝 $0.5 \times 45°$

7.1.4 车削轴类零件容易出现的问题及注意事项

表 7.11 所示为在车削轴类零件时，可能产生废品的种类、原因及其预防措施。

表 7.11 车削轴类零件时，可能产生废品的种类、原因及其预防措施

废品种类	产生原因	预防措施
圆度超差	车床主轴间隙太大	车削前，检查主轴间隙，并适当调整。如果因轴承磨损太多，则需要更换轴承
	毛坯余量不均匀，切削过程中切削深度发生变化	分粗、精车
	用两顶尖装夹工件时，中心孔接触不良、后顶尖得不紧或前顶尖产生径向圆跳动	用两顶尖装夹工件时，必须松紧适当。若回转顶尖产生径向圆跳动，必须及时修理或更换
圆柱度超差	用一夹一顶或两顶尖装夹工件时，后顶尖轴线与主轴轴线不同轴	车削前，找正后顶尖，使之与主轴轴线同轴
	用卡盘装夹工件纵向进给车削时，产生锥度是由于车床床身导轨与主轴线不平行	调整车床主轴与床身导轨的平行度
	用小滑板车外圆时，圆柱度超差是由于小滑板位置不正，即小滑板刻线与中滑板的刻线没有对准"0"线	必须先检查小滑板的刻线是否与中滑板刻线的"0"线对准
	工件装夹时悬伸较长，车削时因切削力影响使前端让开，造成圆柱度超差	尽量减少工件的伸出长度，或另一端用顶尖支撑，增加装夹刚性
	车刀中途逐渐磨损	选择合适的刀具材料或适当降低切削速度
尺寸精度达不到要求	看错图样或刻度盘使用不当	认真看清图样尺寸要求，正确使用刻度盘，看清刻度值
	没有进行试切削	根据加工余量算出切削深度，进行试切削，然后修正切削深度
	由于切削热的影响，使工件尺寸发生变化	不能在工件温度较高时测量工件，如测量应掌握工件的收缩情况或浇注切削液，降低工件温度
	测量不正确或量具有误差	正确使用量具，使用量具前必须检查和校正零位

续表 7.11

废品种类	产生原因	预防措施
尺寸精度达不到要求	尺寸计算错误,槽深度不正确	仔细计算工件的各部分尺寸,对留有磨削余量的工件,车槽时应考虑磨削余量
	未及时关闭机动进给,使车刀进给长度超过台阶长度	注意及时关闭机动进给或提前关闭机动进给,用手动进到长度尺寸
表面粗糙度达不到要求	车床刚性不足,如滑板镶条太松,传动零件(如带轮)不平衡或主轴太松动引起震动	消除或防止由于车床刚性不足而引起的震动(如调整车床各部件的间隙)
	车刀刚性不足或伸出太长而引起震动	增加车刀刚性和正确装夹车刀
	工件刚性不足引起震动	增加工件的装夹刚性
	车刀几何参数不合理,如选用过小的前角、后角和主偏角	合理选择车刀角度(如适当增加前角,选择合理的后角和主偏角)
	切削用量选用不当	进给量不宜太大,精车余量和切削速度应选择恰当

7.2 套类零件的车削

7.2.1 套类零件

套类零件是指由同一轴线的内孔和外圆为主或外表面有其他结构(如齿形、沟槽等)组成的零件统称为套类零件,如图 7.14 所示。

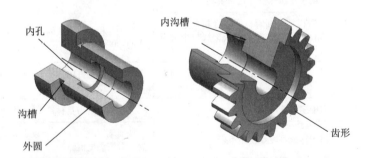

图 7.14 套类零件

7.2.2 套类零件的特点

套类零件的外部与轴类零件加工方法基本一致,而内部形状则是加工的难点。其加工特点如下:

(1)切削条件差。如排屑不畅、切削液不易进入切削区域,冷却效果差;

(2)由于孔深,造成测量困难;

(3)当孔径较小而精度较高时,由于刀杆的直径小,造成刚度差,直接影响产品的加工质量;

(4)对于壁厚较薄的套类零件,由于夹紧力的作用,极易产生变形。

7.2.3 套类零件的主要技术要求

1. 套类零件的主要技术要求

套类零件的孔与安装轴之间一般有各种类型的配合形式,如间隙配合、过渡配合和过盈配合,所以对孔的尺寸精度和形状精度要求较高。孔的尺寸精度一般为 7~8 级,表面粗糙度 Ra 值可达 0.8~1.6μm,有些套类零件还有形状与位置的精度要求。套类零件的精度有以下几项:

1) 孔的尺寸精度

孔径和长度的尺寸精度。

2) 孔的形状精度

如圆度、圆柱度和直线度等。

3) 孔的位置精度

如同轴度、垂直度、径向跳动和端面跳动等。

4) 表面粗糙度

当孔作为滑动轴承与轴配合时,表面粗糙度值不大于 Ra 0.8μm;当孔壁安装轴承外圈时,表面粗糙度值不大于 Ra 1.6μm。图 7.15 为轴承套零件的加工图纸,从该图便可以看出对套类零件的技术要求。

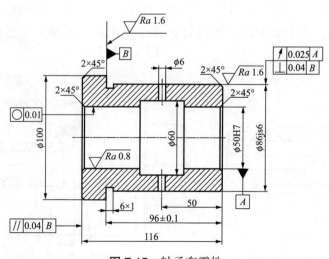

图 7.15 轴承套零件

2. 套类零件车削加工技术要求实例

如图 7.15 所示,加工轴承套时孔的精度要求如下。

1)孔的尺寸精度

该零件共有孔 2 个,一个孔的直径是 $\phi 60\text{mm}$;另一个孔的直径是 $\phi 50$ H7 ($^{+0.025}_{0}$),尺寸精度要求较高。

2)孔的形状精度

$\phi 50$ H7 孔的圆度不能超过 0.01mm。

3)孔的位置精度

外圆 $\phi 86\text{js}6$ (±0.011) 的中心线相对于基准 A ($\phi 50$ H7 中心线)的径向跳动不大于 0.025mm,与基准 B (轴肩)的垂直度不大于 0.04mm。

4)表面粗糙度

$\phi 50$ H7 内孔的表面粗糙度不大于 $Ra\ 0.8\mu\text{m}$。

7.2.4 套类零件的装夹

1. 保证工件同轴度和垂直度的几种装夹方法

(1)一次安装加工。指在一次安装中把工件的全部或大部分尺寸加工完毕的一种装夹方法,图 7.16 所示为一次安装加工法。此方法没有定位误差,可获得较高的形位精度,但需要经常转换刀架,改变切削用量,尺寸较难控制。

(2)以外圆为定位基准装夹。工件以外圆为基准保证位置精度时,零件的外圆和一个端面必须在一次安装中精加工后,方能作为定位基准。以外圆为基准时,常用软卡爪装夹工件,如图 7.17 所示。使用时,将硬卡爪上半部拆下,换上软卡爪,用螺钉紧固在卡爪的下半部上,然后把软卡爪

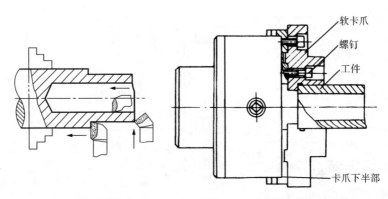

图 7.16 一次安装加工法　　图 7.17 应用反爪装夹工件

车成需要的形状和尺寸,再安装工件。

(3)以内孔为定位基准装夹。中小型轴套、带轮、齿轮等零件,常以工件内孔作为定位基准安装在心轴上,以保证工件的同轴度和垂直度。常用的心轴有以下两种:

① 实体心轴。分为小锥度心轴和台阶式心轴两种。小锥度心轴有 1∶1000~1∶5000 的锥度,如图 7.18(a)所示。其特点是制造容易,加工出的零件精度较高。缺点是长度无法定位,承受的切削力小,装卸不太方便。图 7.18(b)所示的是台阶式心轴。方的圆柱部分与零件孔保持较小的间隙配合,工件靠螺母来压紧。这种心轴可装夹多个工件,但由于工件孔与心轴存在配合间隙,所以加工精度较低。

② 胀力心轴。图 7.18(c)为安装在主轴锥孔中的胀力心轴。它是依靠心轴弹性变形所产生的胀力来夹紧工件。胀力心轴装夹工件方便,精度较高,应用广泛。但夹紧力较小,多用于位置精度要求较高的工件的精加工。

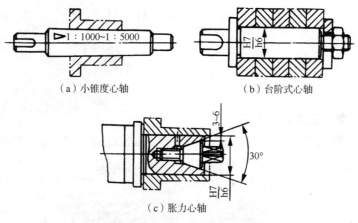

(a)小锥度心轴　　　　(b)台阶式心轴

(c)胀力心轴

图 7.18 车床加工中常用心轴

2. 薄壁工件的装夹方法

车削薄壁工件时,为防止由于夹紧力引起的工件变形,一般采用以下方法。

(1)工件分粗、精车。粗车时,夹紧力大些;精车时,夹紧力小些。

(2)应用开口套筒。应用开缝套筒可增大接触面积,使夹紧力均匀分布在工件外圆上,以减小变形,如图 7.19 所示。

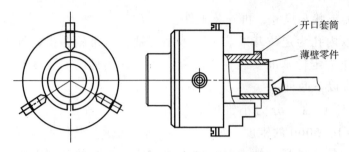

图 7.19　应用开口套筒装夹薄壁零件

（3）应用轴向夹紧夹具。零件产生变形的原因是径向夹紧力,所以改变夹紧力的方向可避免薄壁零件变形。图 7.20 所示为轴向夹紧力的应用实例。

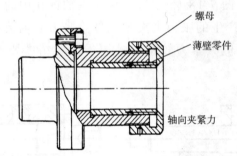

图 7.20　轴向力夹紧薄壁零件夹具

7.2.5　孔的加工方法

套类零件的特点是孔的加工,而孔的加工方法有:钻孔、扩孔、铰孔、锪孔和镗孔。图 7.21 所示为孔的加工方法示意图。

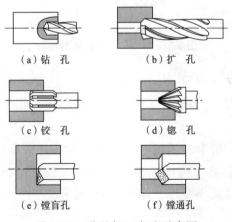

图 7.21　孔的加工方法示意图

1. 钻　孔

1）准备工作

（1）根据钻孔的直径和孔深选择钻头直径大小及切削部分的长度。

（2）将工件用卡盘装夹，并找正、夹紧。

（3）将预备打孔的工件端面用车刀车平整。

（4）移动尾座，使钻头靠近工件端面，然后锁紧尾座移动锁紧螺栓。

（5）根据钻孔的直径，调整主轴转速。当用高速钢钻头钻钢件时，切削速度选取不大于 20m/min；钻铸铁件时，切削速度选取不大于 15m/min。主轴转速根据下面公式计算。

$$n = \frac{1000v}{\pi D}$$

式中，n——主轴转速，单位为转/分（r/min）；

v——钻削速度，单位为米/分（m/min）；

D——钻孔直径，单位为毫米（mm）。

2）钻通孔

（1）开动机床，缓慢均匀地摇动尾座手轮，使钻头缓慢切入工件，待两切削刃完全切入工件时，加入充足的切削液。

（2）双手交替摇动尾座手轮，使钻头均匀地向前切削，并间断地减轻手轮压力以断屑，如图 7.22 所示。

（3）当钻削较深的孔时，观察切屑排除的情况，如果排屑困难，应将钻头及时退出，清除切屑后再继续钻孔。

（4）在孔即将钻透时，应减慢进给速度，使孔能比较整齐的钻穿，以免破坏钻头。一旦把孔钻穿，应及时退出钻头。

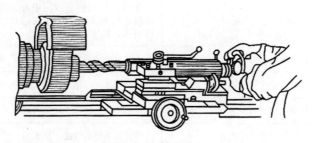

图 7.22　钻孔方法

3）钻不通孔

钻不通孔与钻通孔的操作方法基本相同。所不同的是钻不通孔要控制钻孔深度尺寸，具体操作方法如下。

（1）开动机床，缓慢均匀地摇动尾座手轮，当钻尖刚刚切入工件端面时，记下尾座套筒上的标尺读数，或用钢板尺测量出伸出套筒的长度尺寸，钻孔时的深度尺寸等于原读数加上孔深尺寸，如图7.23所示。

(a) 尾座标尺　　　　　(b) 用钢板尺计算钻孔深度

图7.23　钻不通孔

（2）双手均匀交替摇动尾座手轮，当套筒标尺上的读数到达所要求的孔深尺寸时，退出钻头。

2. 钻孔时产生废品的原因及预防措施

钻孔时产生废品的原因及预防措施如表7.12所示。

表7.12　钻孔时产生废品的原因及预防措施

废品种类	产生原因	预防措施
孔歪斜	工件端面不平或与轴线不垂直	钻孔前车平端面，中心不能有凸台
	尾座偏移	调整尾座轴线与主轴轴线同轴
	钻头刚性差，初钻时进给量过大	选用较短的钻头或用中心钻先钻导向孔。初钻时进给量要小，钻削时应经常退出钻头消除切屑后再钻
	钻头顶角不对称	正确刃磨钻头
孔直径扩大	钻头直径选错	看清图样，仔细检查钻头
	钻头主切削刃不对称	仔细刃磨，使两主切削刃对称
	钻头未对准工件中心	检查钻头是否弯曲、钻夹头、钻套是否装夹正确

3. 扩孔

在实心工件上钻孔时，如果孔径较大，钻头直径也较大，横刃较长，轴向切削力增大，钻削时会很费力，这时可以先钻削小孔，再用扩孔钻对其进行扩大加工。

1）扩孔

扩孔的步骤如图 7.24 所示。

（1）先钻出小直径的孔，如图 7.24（a）所示。

（2）用扩孔钻进行扩孔，如图 7.24（b）所示。

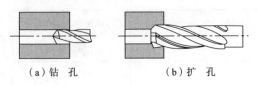

图 7.24 扩孔

2）扩台阶孔

扩台阶孔的步骤如图 7.25（a）所示。

（1）先钻出台阶孔的小直径。

（2）用扩孔钻进行扩孔，方法与钻不通孔相同，只是主轴转速要稍减慢一些。

3）扩盲孔

扩盲孔的步骤如图 7.25（b）、（c）所示。

（1）先用顶角 118°的麻花钻头将盲孔直径钻出，孔深从钻尖算起，深度比实际深度浅 1~2mm。然后用与钻头直径相同的平头钻扩盲孔底面。

（2）控制盲孔深度尺寸的操作方法与钻不通孔的方法相同。

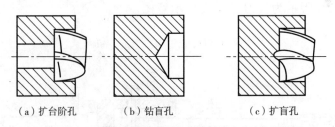

图 7.25 用平头钻扩孔

4. 铰孔

当被加工孔的尺寸精度（IT7~IT9）要求较高且表面粗糙度（$Ra0.4\mu m$）要求较小时，可用铰刀对其进行铰孔，从而达到精加工的要求。在铰孔之前，应先对被加工孔进行钻孔和扩孔。

铰孔时的加工余量不宜过大：孔径在 16mm 以下，加工余量一般不超过 0.15mm（单边）为宜；孔径在 16~50mm，余量一般不超过 0.25mm

（单边）为宜。

铰孔时铰削速度和进给量也要选择恰当，在保证工件质量的前提下，尽可能地提高加工效率。表 7.13 为常用铰刀铰削用量推荐值。

为了提高铰孔质量，在铰孔时应加入切削液。切削液的选择见表 7.14。

表 7.13 常用铰刀铰削用量推荐表

铰刀类型	铰削余量/（单边/mm）	切削速度/（m/min）	进给量/（mm/r）
高速钢铰刀	0.1～0.3	4～6	0.2～1.5
硬质合金铰刀	0.1～0.4	8～12	0.3～1

表 7.14 铰孔时切削液的选择

工件材料	切削液种类
钢件及韧性材料	机油、乳化液
铸铁及脆性材料	煤油、煤油与矿物油的混合物
有色金属	植物油、专用锭子油、合成锭子油

1）铰刀的安装

（1）对于直柄铰刀，可像钻头一样，直接安装在尾座上的钻夹头上。对于锥柄铰刀则利用变径套安装在尾座的锥孔中。

（2）当工件旋转中心与铰刀中心线不重合时，可采用浮动套筒来安装铰刀。图 7.26 所示为铰刀浮动安装示意图。

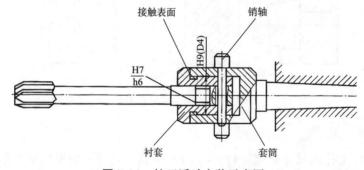

图 7.26 铰刀浮动安装示意图

2）铰孔的方法

（1）铰孔的工艺路线。

① 对于精度等级为 IT9 的孔，当孔径小于 10mm 时，加工工艺路线为

② 对于精度等级为 IT9 的孔，当孔径大于 10mm 时，加工工艺路线为

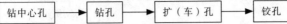

③ 对于精度等级为 IT7～IT8 的孔，铰孔工序分为粗铰和精铰，其余与①、②相同。

（2）铰通孔的方法。

① 推动尾座至合适位置，摇动尾座手轮使铰刀的引导部分轻轻进入孔口；

② 根据表 7.13 选择切削速度换算成实际转速，启动机床，并打开切削液开关；

③ 双手均匀地摇动尾座手轮（图 7.27），按表 7.13 推荐的进给量，均匀地进给至铰刀切削部分的 3/4 超出孔末端时；

④ 停止机床主轴转动，关闭切削液开关，反向摇动尾座手轮，将铰刀从被加工孔中退出；

⑤ 将内孔擦净后，检查孔径尺寸，如图 7.28 所示。

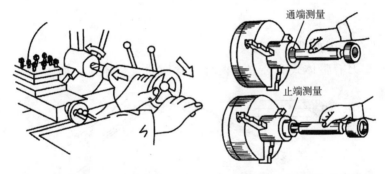

图 7.27 铰通孔　　　图 7.28 孔径检查方法

（3）铰盲孔的方法。

① 重复铰通孔的方法中①、②的步骤；

② 双手均匀地摇动尾座手轮，按表 7.13 推荐的进给量，均匀地进给。当手动进给感觉到进给抗力明显增加时，停止进给；

③ 停止机床主轴转动，反向摇动尾座手轮，将铰刀从被加工孔中退出。

当铰削较深的盲孔时，由于切屑排除困难，通常在加工中退刀数次，并用切削液清理内孔，用刷子清理铰刀上的切屑，然后继续铰孔。

3）铰孔时容易出现的问题及解决方法

铰孔时的废品主要是孔径扩大和孔的表面精度下降，其产生的原因及预防措施如表 7.15 所示。

表 7.15　铰孔时产生废品的原因及预防措施

废品种类	产生原因	预防措施
孔径扩大	铰刀直径太大	仔细测量尺寸，根据孔径尺寸要求，研磨铰刀
	铰刀刃口径向振摆过大	重新修磨铰刀刃口
	尾座偏，铰刀与孔中心不重合	校正尾座，使其对中，最好采用浮动套筒
	切削速度太高，产生积屑瘤和使铰刀温度升高	降低切削速度，加充分的切削液
	余量太多	正确选择铰削余量
表面粗糙度差	铰刀刀刃不锋利及刀刃上有崩口、毛刺	重新刃磨，表面粗糙度要高，刃磨后保管好，不许碰毛
	余量过大或过小	留适当的铰削余量
	切削速度太高，产生积屑瘤	降低切削速度，用油石把积屑瘤从刀刃上磨去
	切削液选择不当	合理选择切削液

5．车　孔

1）内孔车刀的选择和装夹

内孔车刀有整体式和装夹式两种，常用的是整体式，如图 7.29 所示。

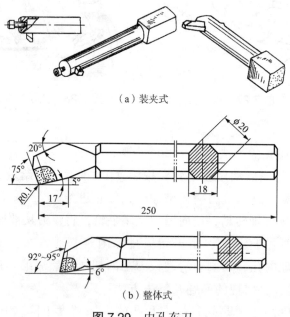

（a）装夹式

（b）整体式

图 7.29　内孔车刀

（1）内孔车刀杆的选择。在不影响孔零件加工的前提下，刀杆尽可能选择粗刀杆和短刀杆。

（2）内孔车刀角度的选择。

① 通孔车刀的前角一般选取 10°~20°，主偏角选取 45°~75°，副偏角选取 10°~45°，后角选取 6°~12°，如图 7.30（a）所示。

② 盲孔车刀的前角一般选取 10°~20°，主偏角选取 92°~95°，副偏角选取 3°~6°，后角选取 6°~12°，如图 7.30（b）所示。

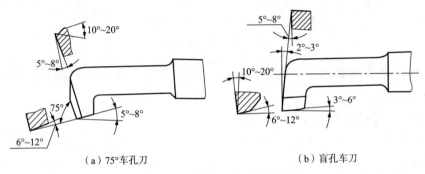

(a) 75°车孔刀　　　　　　(b) 盲孔车刀

图 7.30　内孔车刀的角度选择

2）内孔车刀的安装

（1）安装时刀尖对准工件的中心。精车时，刀尖略高于工件的中心。

（2）安装时刀杆应平行于工件内孔的轴心线。

（3）刀杆伸出长度尽可能短些，比车孔长度长 5~10mm 即可。

（4）装夹后，让车刀在孔内试走一遍，检查刀杆与工件孔壁是否相撞。图 7.31 所示为刀杆安装示意图。

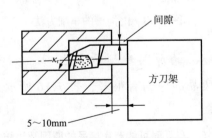

图 7.31　内孔车刀安装示意图

车孔方法与车外圆的方法基本上相同，必须先用试切法控制尺寸。不同的是，横向进给与车外圆的情况相反。

车孔时，由于加工条件的限制，切削用量要比车外圆时低一些。

6. 车内沟槽

1) 内沟槽车刀

内沟槽车刀的几何形状与切断刀基本相似，只是在内孔中切槽而已。在小孔中切槽时，一般车刀制作成整体式。在直径较大的孔中切槽时，可采用装配式车刀，如图 7.32 所示。

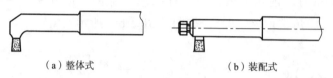

(a) 整体式　　　　　　　　(b) 装配式

图 7.32　内沟槽车刀

装夹内沟槽车刀时，应使主切削刃与内孔中心等高或稍高，两侧副偏角要对称。

2) 内沟槽的车削方法

内沟槽分窄槽和宽槽两种。窄槽可用主切削刃等于槽宽的内沟槽车刀直接车削完成。宽槽可先用车孔刀车出凹槽，再用内沟槽车刀作轴向移动，将两端台阶车垂直，如图 7.33 (a) 所示。车削梯形沟槽时，一般先车出直槽，然后用成形车刀车削成形，如图 7.33 (b) 所示。内沟槽的深度用中滑板刻度盘控制。沟槽轴向位置用床鞍刻度盘、小滑板刻度盘或挡铁控制。

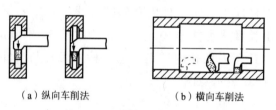

(a) 纵向车削法　　　　　　(b) 横向车削法

图 7.33　内沟槽的车削方法

7. 车孔时产生废品的原因及预防方法

车孔时可能产生废品的原因有很多，表 7.16 所示为车孔时可能产生废品的原因及预防方法。

表 7.16　车孔时可能产生废品的原因及预防方法

废品种类	产生原因	预防方法
尺寸不正确	测量不正确	要仔细测量。用游标卡尺测量时，要调整好卡尺的松紧，控制好摆动位置，并进行试切

续表 7.16

废品种类	产生原因	预防方法
尺寸不正确	车刀安装不对，刀柄与孔壁相碰	选择合理的刀柄直径，最好在未开车前，先把车刀在孔内走一遍，检查是否会相碰
	产生积屑瘤，增加刀尖长度，使孔径变大	研磨前面，使用切削液，增大前角，选择合理的切削速度
	工件的热胀冷缩	最好使工件冷却后再精车，加切削液
内孔有锥度	刀具磨损	提高刀具的耐用度，采用耐磨的硬质合金刀具
	刀柄刚度低，产生"让刀"现象	尽量采用大尺寸的刀柄，减小切削用量
内孔有锥度	刀柄与孔壁相碰	正确安装车刀
	主轴轴线歪斜	检量机床精度，校正主轴轴线与床身导轨的平行度
	床身不水平，使床身导轨与主轴轴线不平行	校正机床水平
	床身导轨磨损。由于磨损不均匀，使走刀轨迹与工件轴线不平行	大修车床
内孔不圆	孔壁薄，装夹时产生变形	选择合理的装夹方法
	轴承间隙太大，主轴颈成椭圆	大修机床，并检查主轴的圆柱度
	工件加工余量和材料组织不均匀	增加半精车，把不均匀的余量车去，使精车余量尽量减小和均匀，对工件毛坯进行回火处理
内孔不光洁	车刀磨损	重新刃磨车刀
	车刀刃磨不良，表面粗糙度值大	保证刃磨锋利研磨车刀前、后面
	车刀几何角度不合理，装刀低于中心	合理选择刀具角度，精车装刀时可略高于工件的中心
	切削用量选择不当	适当降低切削速度，减小进给量
	刀柄细长，产生震动	加粗刀柄和降低切削速度

8. 其他沟槽的车削方法

1）车端面直槽

在端面上车直槽时，端面直槽车刀的几何形状是外圆车刀与内孔车刀的综合。其中刀尖 a 处的副后刀面的圆弧半径 R 必须小于端面直槽的大圆弧半径，以防左副后刀面与工件端面的孔壁相碰。安装端面直槽车刀时，主切削刃必须垂直于工件轴线,以保证车出的直槽底面与工件轴线垂直,如图7.34所示。

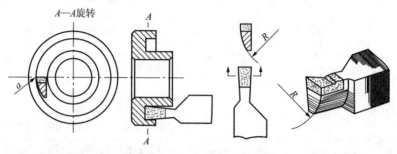

图 7.34 端面直槽车刀形状

端面直槽的车削,首先选好切槽成型刀,磨去让位部分。摇动中拖板,使刀具切削刃处于切槽位置,使刀刃接近加工工件的端面,开动车床,用小拖板进刀,加工至所需深度,用纵进给手柄退刀。

2)车T形槽

车T形槽的车刀有3种成型切槽刀,即直槽刀、外槽成型刀、内槽成型刀。

车T形槽比较复杂,可以先用端面直槽刀车出直槽,如图7.35(a)所示,再使用外侧弯头车槽刀,车外侧沟槽,如图7.35(b)所示,最后用内侧弯头车槽刀,车内侧沟槽,如图7.35(c)所示。为了避免弯头刀与直槽侧面圆弧相碰,应将弯头刀的刀体侧面磨成弧形。此外,弯头刀的刀刃宽度应等于槽a,L则应小于b,否则弯头刀无法进入槽内。

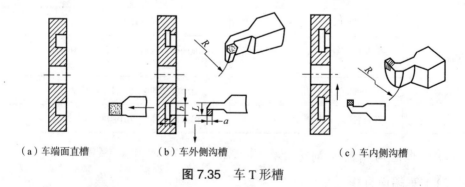

(a)车端面直槽　　(b)车外侧沟槽　　(c)车内侧沟槽

图 7.35 车T形槽

3)车燕尾槽

燕尾槽的车削方法与车T形槽的方法相似,也是采用3把车刀分3步车削,如图7.36所示。

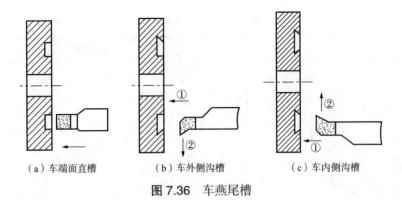

(a）车端面直槽　　　（b）车外侧沟槽　　　（c）车内侧沟槽

图 7.36　车燕尾槽

9．车内沟槽和端面槽时的注意事项

（1）刀尖应严格对准工件的旋转中心，否则底平面无法车平整。

（2）车刀纵向切削至接近底平面时，应停止机动进给，改用手动进给，以防止撞击底平面。

（3）由于视线受影响，车削底平面时，可通过手感和听觉来判断其切削情况。

（4）控制沟槽之间的距离，应选定统一的测量基准。

（5）车底槽时，注意与底平面要平滑连接。

（6）应利用中滑板刻度盘的读数，控制沟槽的深度和退刀的距离。

7.2.6　套类零件加工实例

1．通孔加工实例

图 7.37 所示为一具有通孔的套类零件，材料为 45 号钢。套的长度为 50mm，外径为 60mm，内孔直径为 20mm。外圆与内孔两端各有 1 个 $1\times45°$ 倒角，外圆及内孔表面粗糙度为 $Ra3.2\mu m$。该零件的加工过程如表 7.17 所示。

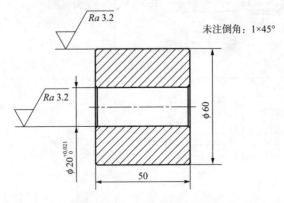

图 7.37　具有通孔的套类零件

表 7.17 通孔加工实例

步　骤	图　例	操作说明
1. 下　料	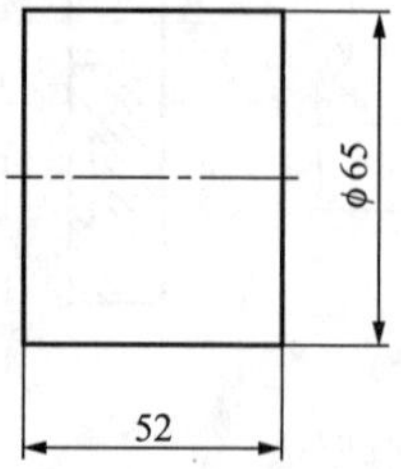 $\phi 65$，52	45 号钢棒料，材料尺寸为 $\phi 65mm \times 52mm$
2. 准备量具	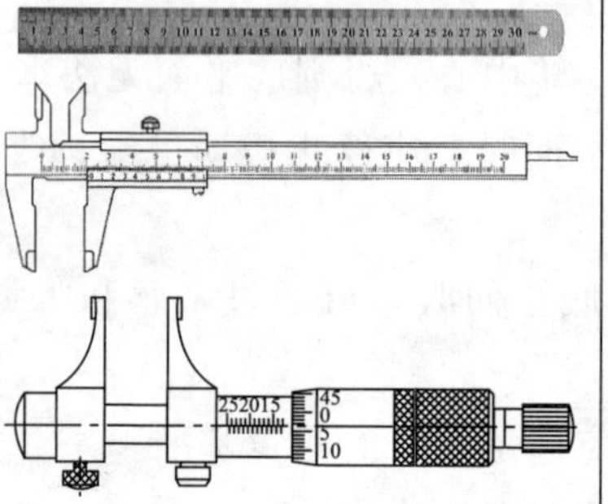	准备钢板尺、游标卡尺、0~25mm 内径千分尺
3. 准备刀具	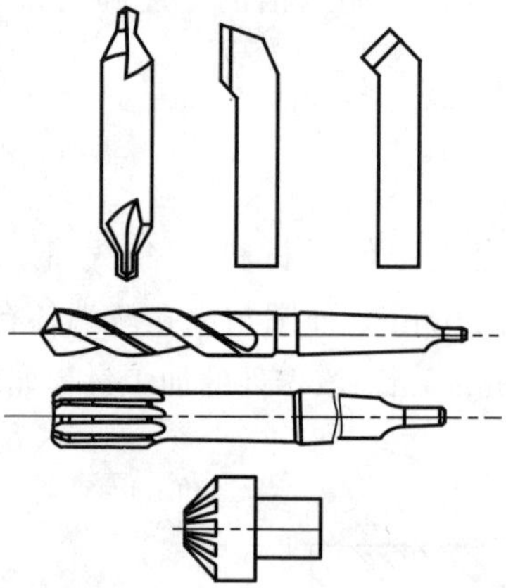	准备的刀具如下： 1）B2.5 中心钻； 2）$\phi 18mm$ 钻头； 3）$\phi 19.7mm$ 钻头； 4）$\phi 20mm$ 铰刀； 5）90° 锪孔钻； 6）45° 偏刀； 7）90° 偏刀
4. 准备夹具	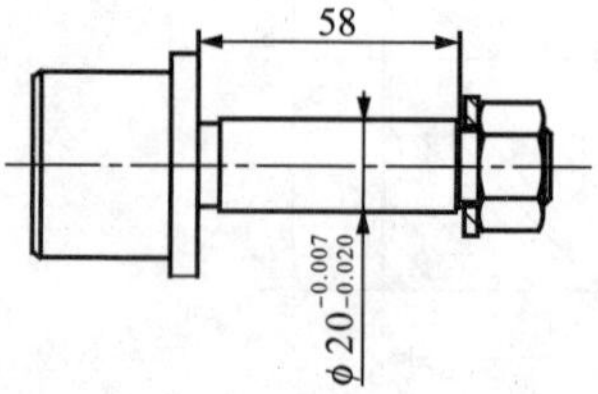 58，$\phi 20_{-0.020}^{-0.007}$	准备心轴

续表 7.17

步骤	图例	操作说明
5. 装夹找正	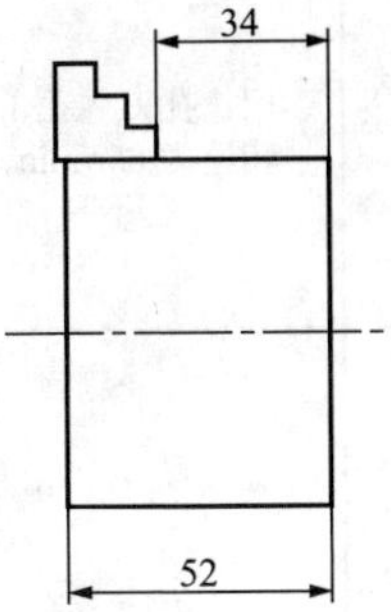	1）将棒料插入三爪，外部留约为 34mm 长度； 2）用三爪扳手夹紧零件
6. 车端面	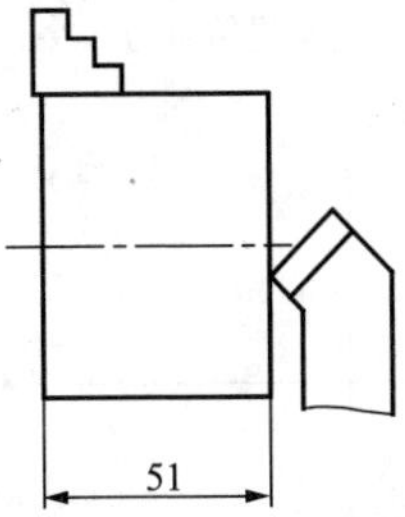	用 45°偏刀车削工件的右端面，端面见光即可； 转速为 400r/min，进给量为 0.15mm/r
7. 钻中心孔	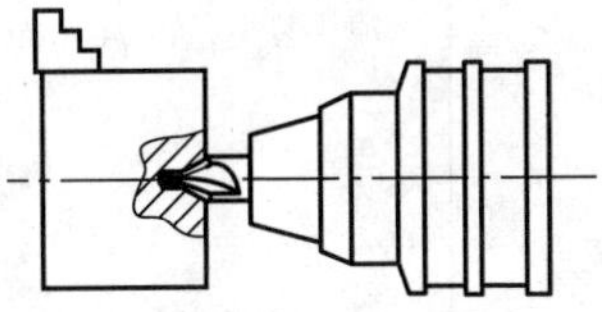	采用 B2.5 型中心钻钻中心孔，深度适当
8. 钻孔和扩孔	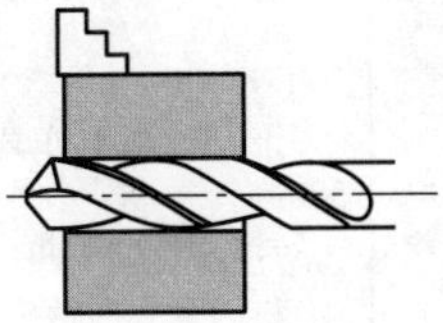	用 ϕ18mm 钻头钻通孔； 用 ϕ19.7mm 钻头扩通孔； 转速 1 为 260r/min，进给量 1 为 0.3mm/r； 转速 2 为 170r/min，进给量 2 为 0.15mm/r
9. 铰孔	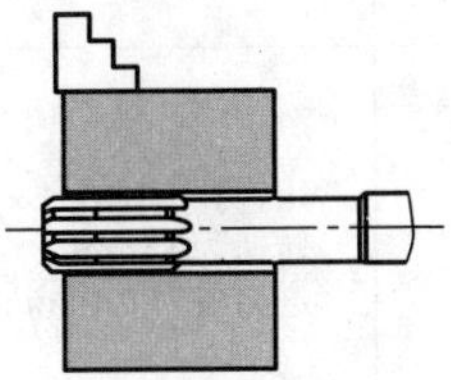	用 ϕ20mm 铰刀铰孔； 转速为 85r/min，进给量为 0.1mm/r

续表 7.17

步骤	图例	操作说明
10. 锪 孔	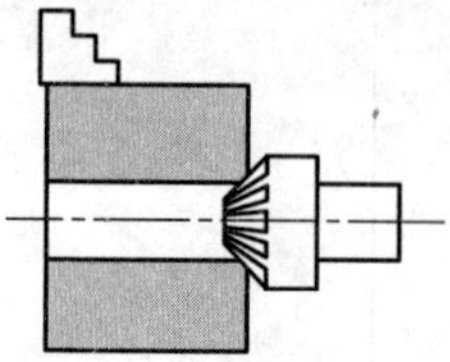	用锪孔刀锪孔 $1\times 45°$； 转速为 85r/min，进给量为 0.1mm/r
11. 车外圆	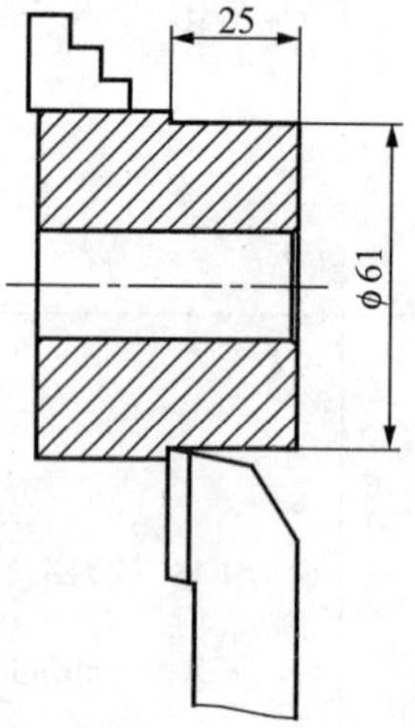	用 90° 车刀车外圆 $\phi 61$mm 至 25mm； 转速为 400r/min； 进给量为 0.2mm/r
12. 工件掉头	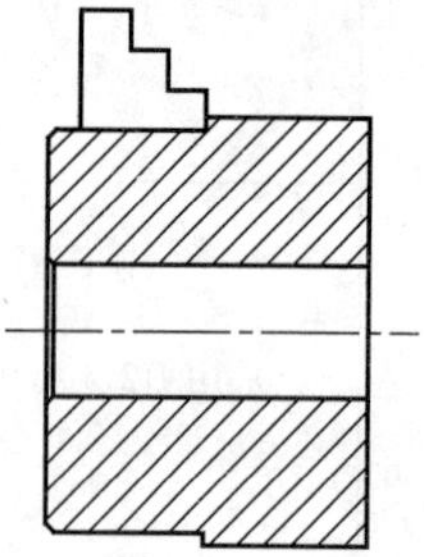	掉头装夹，以 $\phi 61$mm 及端面定位
13. 车端面	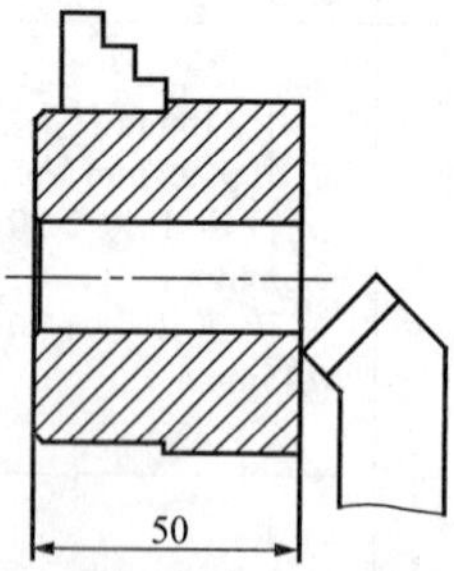	用 45° 车刀车端面，保证轴向尺寸为 50mm； 转速为 400r/min；进给量为 0.15mm/r
14. 锪 孔	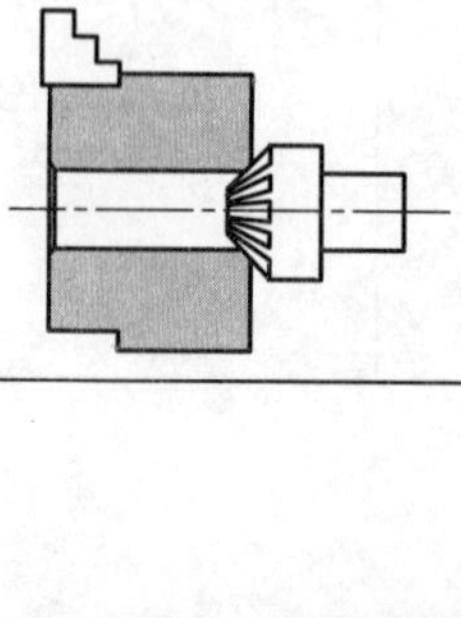	用锪孔刀锪孔 $1\times 45°$； 转速为 85r/min； 进给量为 0.1mm/r

续表 7.17

步 骤	图 例	操作说明
15. 车外圆		将心轴穿入零件 ϕ20mm 内孔； 用螺母夹紧； 用三爪夹紧； 车削 ϕ60mm 外圆； 粗车转速为 400r/min，粗车进给量为 0.3mm/r； 精车转速为 630r/min，精车进给量为 0.06mm/r
16. 倒 角		用 45° 车刀倒角 1×45°

2. 盲孔的加工实例

图 7.38 所示为一套类零件，材料为 45 号钢。其中 ϕ20mm 为通孔，ϕ50mm 为盲孔，深度为 $40_{-0.05}^{0}$mm，零件总长为 70mm。加工过程如表 7.18 所示。

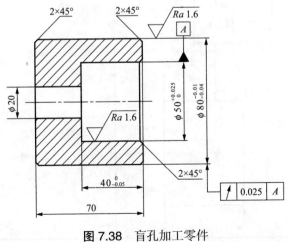

图 7.38 盲孔加工零件

表 7.18 盲孔零件的加工过程

步骤	图例	操作说明
1. 下料	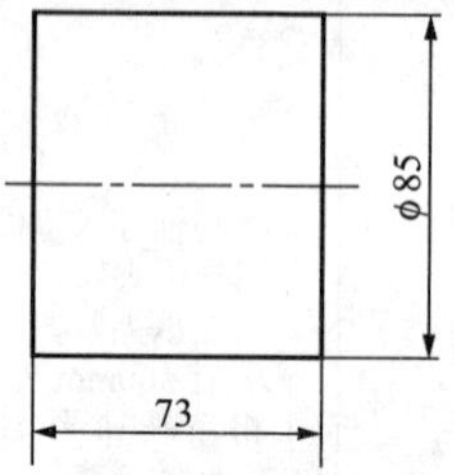	45 号钢棒料； 尺寸为 φ85mm × 73mm
2. 量具	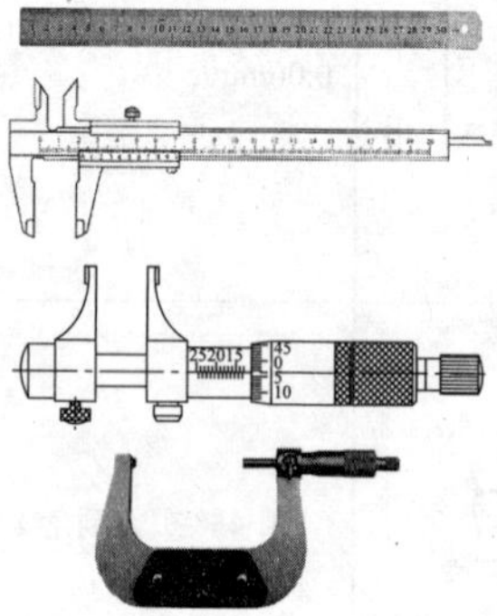	准备的量具如下： 1）钢板尺； 2）游标卡尺； 3）75~100mm 外径千分尺； 4）25~50mm 内径千分尺； 5）深度尺
3. 刀具	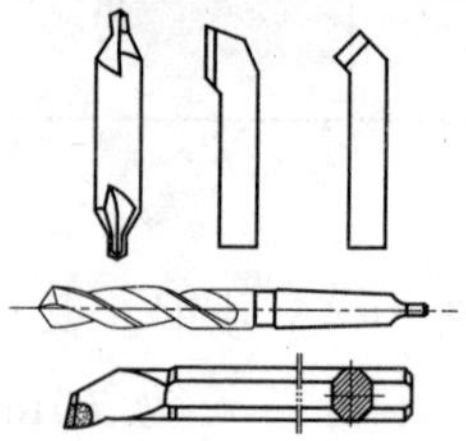	准备的刀具如下： 1）B2.5 中心钻； 2）φ18mm 钻头； 3）φ20mm 钻头； 4）45° 偏刀； 5）90° 偏刀； 6）内孔车刀
4. 夹具	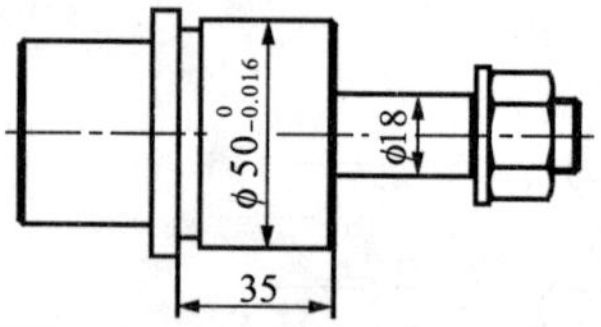	准备心轴
5. 装夹找正	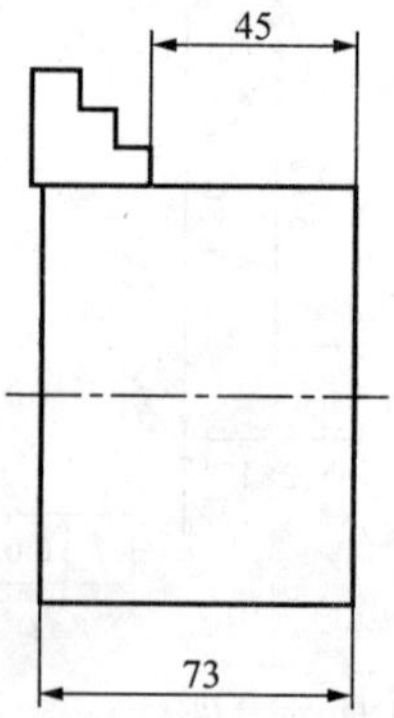	将棒料插入三爪，外部留约为 45mm 长度； 用三爪扳手夹紧零件

7.2 套类零件的车削

续表 7.18

步　骤	图　例	操作说明
6. 车端面	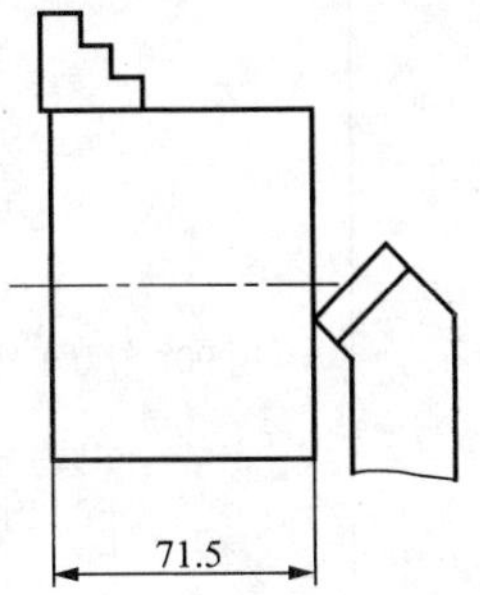	用 45° 偏刀车削工件右端面，端面见光即可
7. 钻中心孔	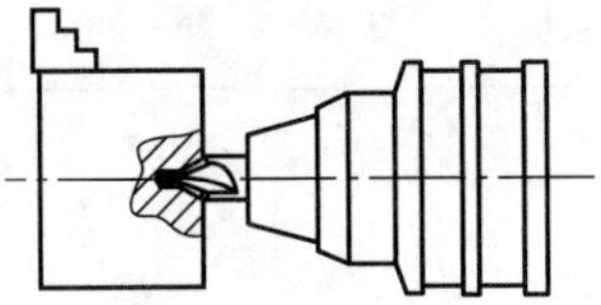	采用 B2.5 型中心钻钻中心孔，深度适当
8. 钻孔和扩孔	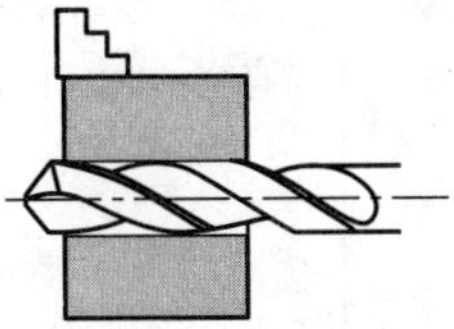	用 ϕ20mm 钻头钻通孔
9. 镗　孔	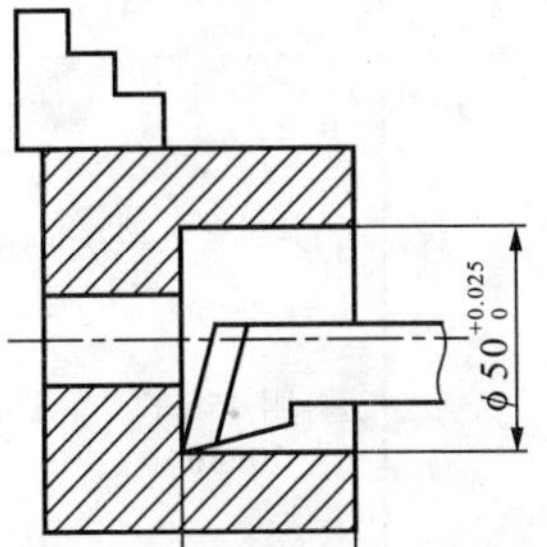	用镗刀镗 $\phi 50^{+0.025}_{0}$ mm 孔，至 $40^{0}_{-0.05}$ mm；粗车转速为 320r/min；粗车进给量为 0.2mm/r；精车转速 400r/min；精车进给量 0.06mm/r
10. 倒内角	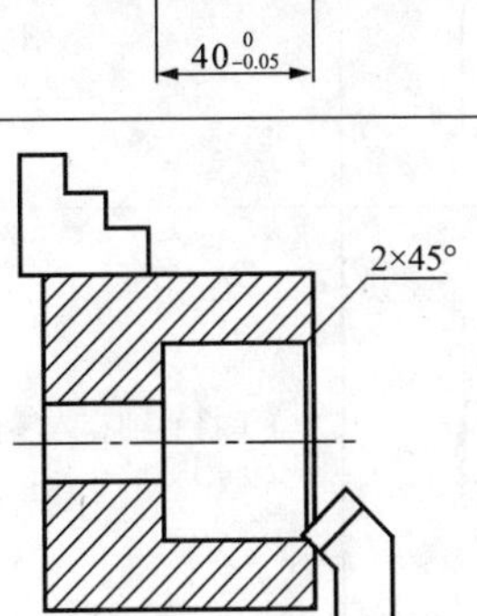	用 45° 车刀倒 2×45° 内角

续表 7.18

步 骤	图 例	操作说明
11. 车外圆	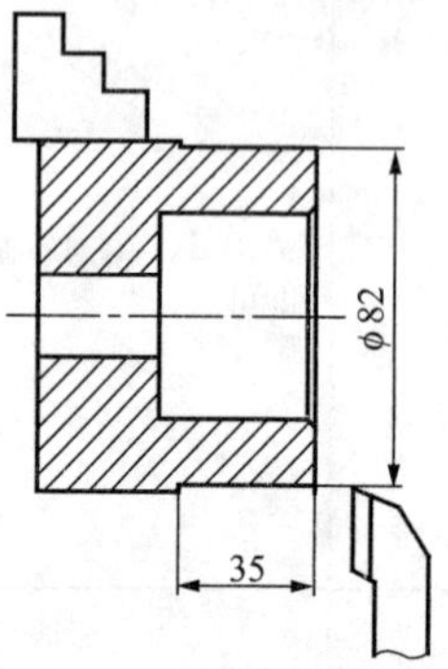	用 90° 车刀车外圆 ϕ82mm 至 35mm
12. 工件掉头	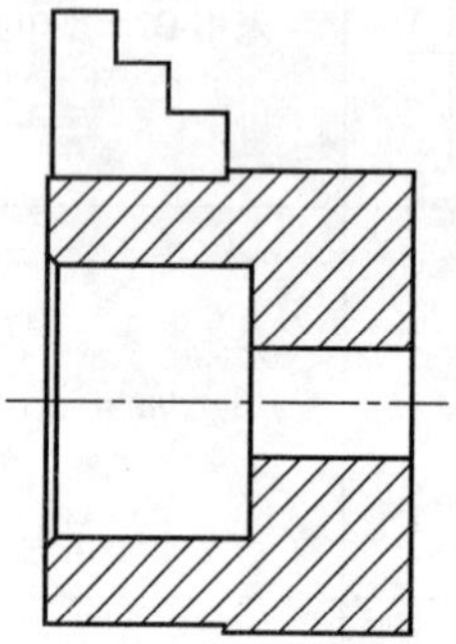	掉头装夹，以 ϕ82mm 及端面定位
13. 车端面	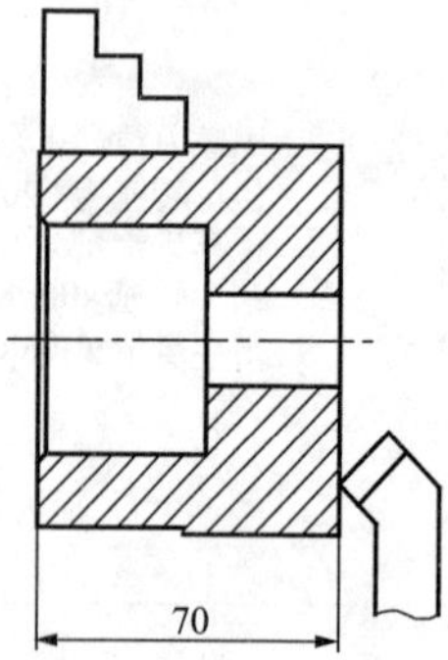	用 45° 车刀车端面，要求保证轴向尺寸为 70mm
14. 车外圆	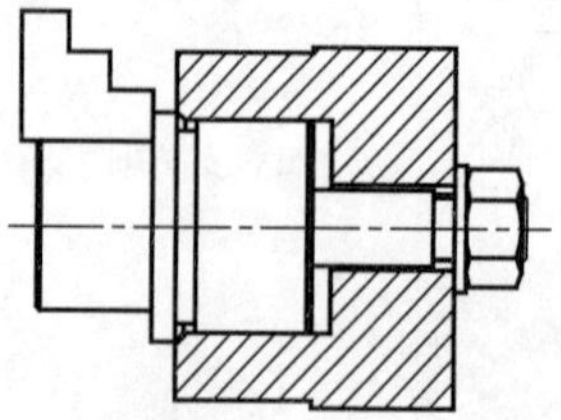	1）将心轴穿入零件的 ϕ50mm 内孔； 2）用螺母夹紧；

续表 7.18

步　骤	图　例	操作说明
14. 车外圆		3）用三爪夹紧； 4）车削 $\phi 80$mm 外圆
15. 倒　角		用 45° 车刀倒角 $2 \times 45°$

7.3　圆锥零件的车削

7.3.1　圆　锥

1. 圆锥体的组成

圆锥体的组成如图 7.39 所示。图中 D 为大端直径；d 为小端直径；$\alpha/2$ 为圆锥半角；α 为圆锥角；L_0 为圆锥工件全长；L 为圆锥长度；C 为锥度。

2. 圆锥体的基本参数

圆锥体有 4 个基本参数：圆锥半角（$\alpha/2$）或锥度（C）、大端直径（D）、小端直径（d）、圆锥长度（L）。知道其中任意三个量，就可求出另一未知量。

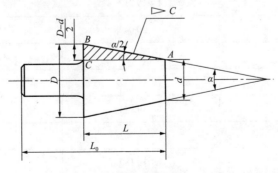

图 7.39　圆锥体

圆锥半角（α/2）可由下面对应关系式求出：

$$\tan(\alpha/2) = \frac{BC}{AC} \quad BC = \frac{D-d}{2} \quad AC = L$$

$$\tan(\alpha/2) = \frac{D-d}{2L}$$

圆锥各部分尺寸计算方法列于表 7.19。

表 7.19 圆锥各部分尺寸计算

名　　称	计算公式
圆锥半角（α/2）	$\tan(\alpha/2) = \frac{D-d}{2L} = \frac{C}{2}$
近似公式（$\frac{\alpha}{2} < 6°$ 时）	$\frac{\alpha}{2} \approx 28.7° \times \frac{D-d}{L} \approx 28.7° \times C$
锥度（C）	$C = \frac{D-d}{L}$
大端直径（D）	$D = d + 2L\tan(\alpha/2) = d + CL$
小端直径（d）	$d = D - 2L\tan(\alpha/2) = D - CL$
圆锥长度（L）	$L = \frac{D-d}{2\tan(\alpha/2)} = \frac{D-d}{C}$

7.3.2 标准圆锥

1. 莫氏圆锥

莫氏圆锥分为 0 号、1 号、2 号、3 号、4 号、5 号、6 号共七种。最小的是 0 号，最大的是 6 号。号码不相同，圆锥的尺寸和斜角也不相同。莫氏圆锥与角度和基本锥度 C 的关系见表 7.20。

表 7.20 莫氏圆锥与角度 α 和基本锥度 C 的关系

莫氏锥度	锥度 C	角度 α
0	1∶19.212	2°58′54″
1	1∶20.047	2°51′26″
2	1∶20.020	2°51′41″
3	1∶19.922	2°52′32″
4	1∶19.254	2°58′31″
5	1∶19.002	3°00′53″
6	1∶19.180	2°59′12″

2. 米制圆锥

常用的米制圆锥分为4号、6号、80号、100号、120号、160号和200号共七种。其号码是指圆锥大端直径，锥度均为1∶20。例如，100号米制圆锥，其大端直径为100mm，锥度 $C=1∶20$。

3. 专用标准圆锥锥度

除常用的标准圆锥外，一般在生产中还会经常遇到一些专用的标准锥度，表7.21所示为专用标准圆锥锥度。

表 7.21 专用标准圆锥锥度

锥度 C	圆锥锥角 α	应用实例
1∶4	14°15′	车床主轴法兰及轴头
1∶5	11°25′16″	易于拆卸的连接，如：砂轮主轴与砂轮法兰的配合，锥形摩擦离合器等
1∶7	8°10′16″	管件的开关塞、阀等
1∶12	4°46′19″	部分滚动轴承内环锥孔
1∶15	3°49′6″	主轴与齿轮的配合部分
1∶16	3°34′47″	圆锥管螺纹
1∶20	2°51′51″	米制工具圆锥，锥形主轴颈
1∶30	1°54′35″	装柄的铰刀和扩孔钻柄的配合
1∶50	1°8′45″	圆锥定位销及锥铰刀
7∶24	16°35′3″	铣床主轴孔与刀杆的锥体
7∶64	6°15′38″	刨齿机工作台的心轴孔

7.3.3 圆锥面的车削方法

1. 转动小溜板车削圆锥

车削时，把小溜板按工件圆锥半角的要求转动相应的角度，使车刀的运动轨迹与所要车削的圆锥素线平行即可。转动小溜板车削圆锥的方法适用于车削长度较短、锥度较大的圆锥体或圆锥孔。表7.22是图样上标注的角度和小溜板应转过的角度。

表 7.22 图样上标注的角度和小溜板应转过的角度

图　例	小溜板应转过的角度和方向	车削示意图
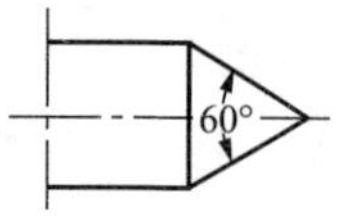 60°	逆时针转 30°	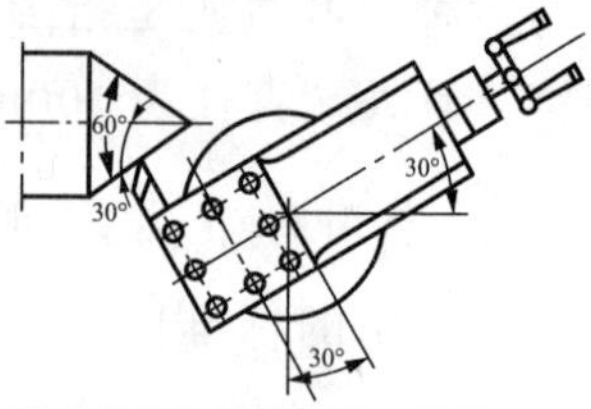
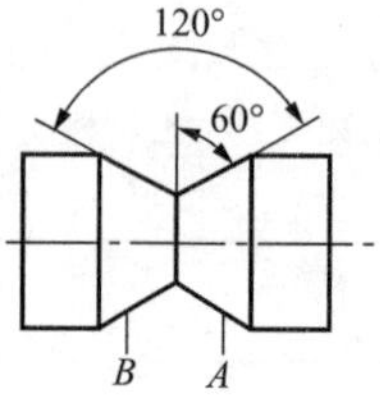 120°/60° B A	车 A 面，顺时针转 30° 车 B 面，逆时针转 30°	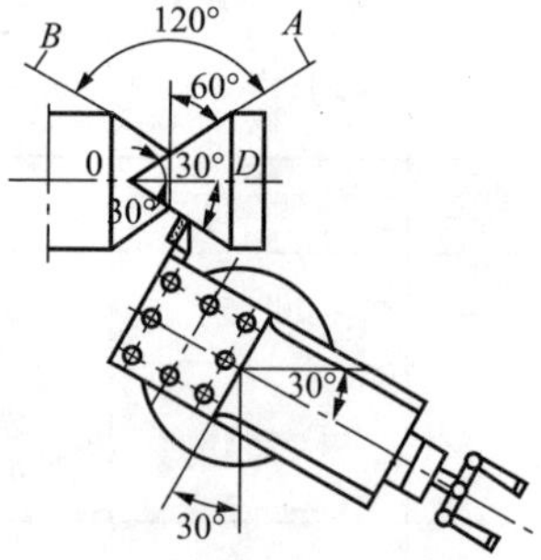 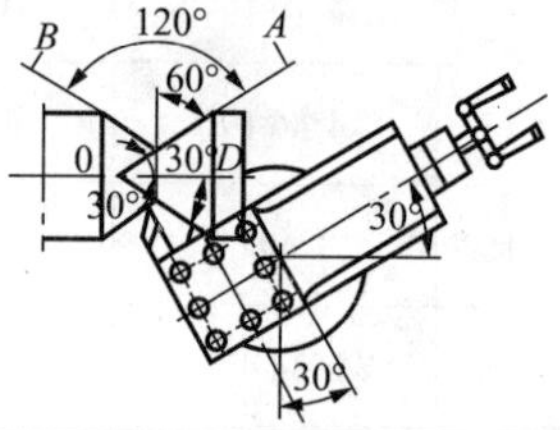
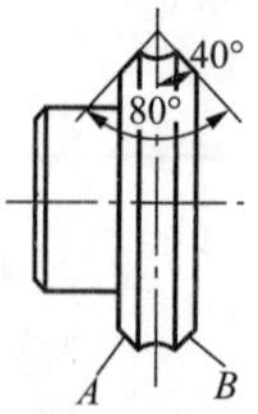 40°/80° A B	车 A 面，顺时针转 50° 车 B 面，逆时针转 50°	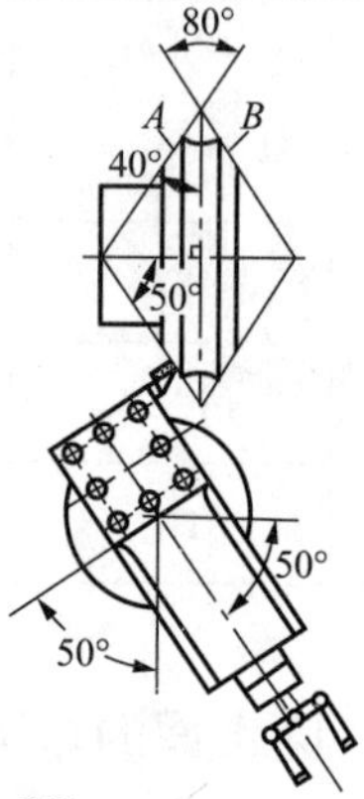 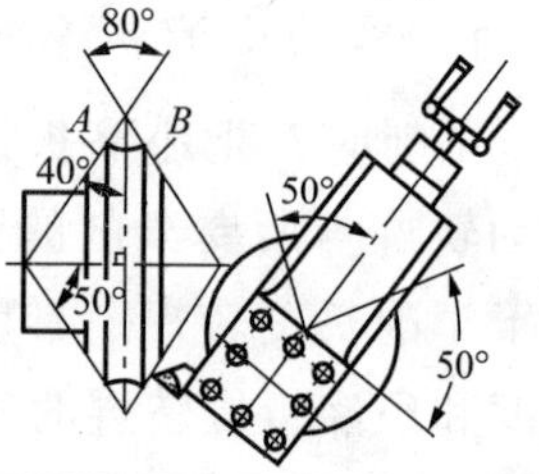

续表 7.22

图 例	小溜板应转过的角度和方向	车削示意图
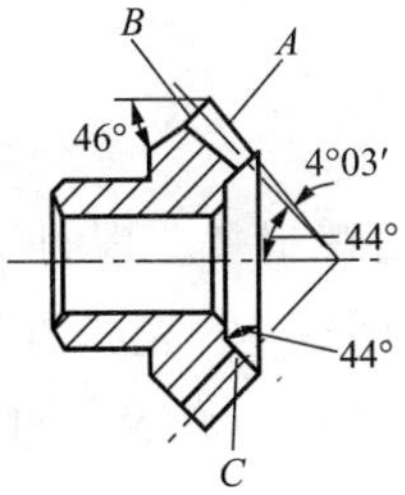	逆时针转 48°03′	
	顺时针转 46°	
	逆时针转 46°	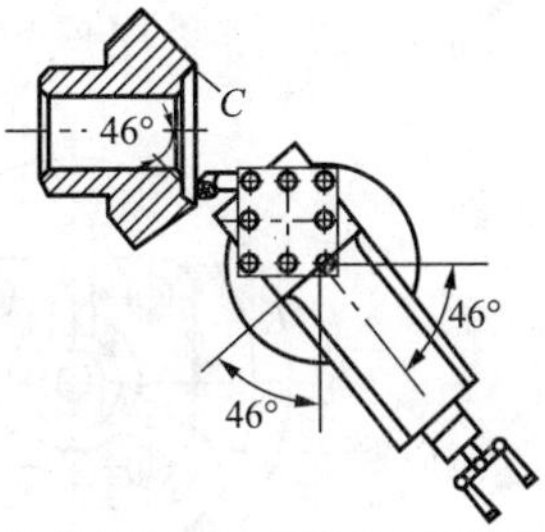

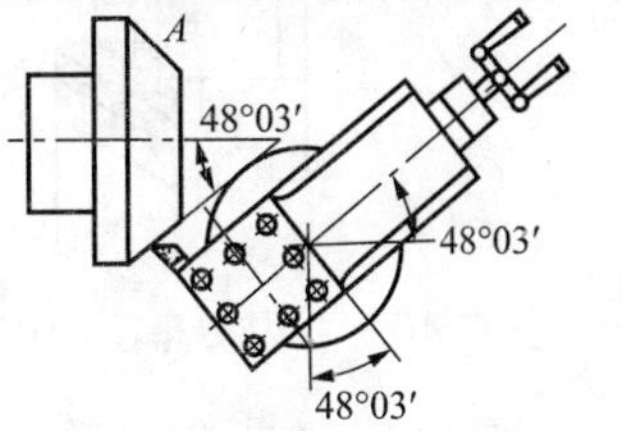

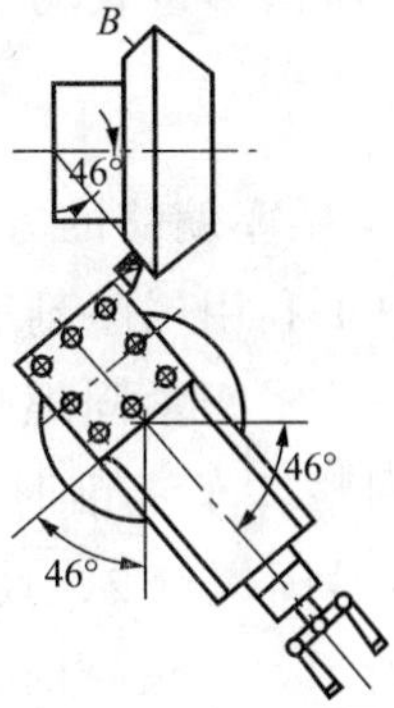

2. 宽刃刀车圆锥

当圆锥素线较短时,可用宽刃刀对其进行车削。用宽刃刀车圆锥时,刀刃必须平直,刀刃与主轴轴线夹角应等于工件的圆锥半角。使用此方法车削圆锥的前提是机床应具有较好的刚性,否则容易引起震动而造成工件表面质量降低。图 7.40 所示为用宽刃刀车削圆锥示意图。

3. 偏移尾座车圆锥

1)偏移尾座车圆锥

当被车削工件的圆锥较长、锥度较小且精度要求不高时,采用偏移尾座的方法来车圆锥。将工件装在两个顶尖之间,把尾座横向移动一小段距离 S,使工件回转轴线与车床回转轴线相交一个角度,其角度大小等于圆锥的半角 $\alpha/2$。图 7.41 所示为偏移尾座车圆锥体示意图。

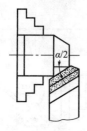
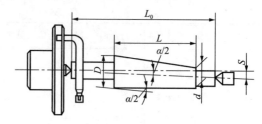

图 7.40　宽刃刀车削圆锥示意图　　图 7.41　偏移尾座车圆锥体示意图

尾座偏移量 S 的近似计算公式为

$$S \approx \frac{D-d}{2L}L_0 \quad \text{或} \quad S \approx \frac{C}{2}L_0$$

2）尾座偏移的方法

（1）利用尾座刻度偏移。

松开尾座紧固螺母，用六角扳手转动尾座上层两侧的螺钉1、螺钉2，进行调整。车正锥时（零件大头靠近前顶尖，小头靠近尾座），先松开螺钉1、紧固螺钉2，使尾座上层根据刻度值向操作者方向移动距离 S，如图7.42所示。车反锥时，操作顺序相反。

调整后，锁紧尾座紧固螺母。

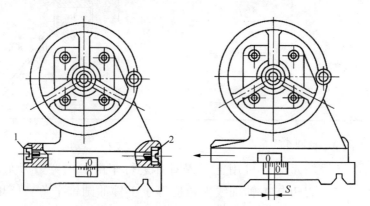

图 7.42　用尾座刻度偏移尾座的方法

（2）利用百分表刻度偏移。

将百分表座固定在刀架上，使百分表表头与尾座套筒垂直接触，百分表归零。按正锥或反锥调整尾座上层的横向位置，待百分表读数为所计算的偏移量 S 值时，把尾座固定。图7.43所示为利用百分表刻度偏移示意图。

（3）利用中溜板刻度偏移。

在刀架上夹持一端面平齐的铜棒（胶木棒、尼龙棒），摇动中溜板手轮，使铜棒与尾座套筒轻轻接触，中溜板手轮归零。根据计算出的偏移量

S 值，摇动中溜板手轮使之达到 S 值，然后固定尾座。图 7.44 所示为利用中溜板刻度偏移示意图。

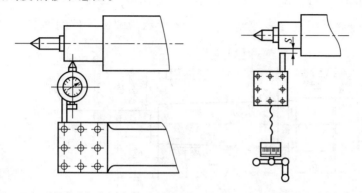

图 7.43　利用百分表刻度偏移示意图　　图 7.44　利用中溜板刻度偏移示意图

（4）用仿形法车圆锥。

仿形法又称为靠模法，适用于加工成批的圆锥零件，其加工原理如图 7.45 所示。在车床床身后面安装一块固定靠模板，其倾斜角度可根据工件的圆锥半角进行调整。刀架通过中溜板与滑块刚性连接（假设无中溜板丝杠）。当床鞍纵向进给时，滑块沿着固定靠模板中的斜面移动，并带动车刀作平行于靠模板的斜线移动，即 $BC // AD$。

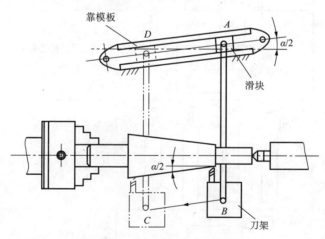

图 7.45　仿形法车圆锥示意图

7.3.4　圆锥类零件加工实例

图 7.46 所示为锥度心轴，其锥度为莫氏 4 号圆锥。该心轴的外形简单，车削刚性好，材料选择 45 号钢。表 7.23 为圆锥零件加工步骤。

车削莫氏 4 号圆锥面时，可采用尾部偏移法车削。根据尾部偏移量计算公式计算，由表 7.20 可知：莫氏 4 号圆锥的锥度 $C=1:19.254 \approx 0.05149$。

$$\text{偏尾座移量：} S \approx \frac{C}{2}L_0 = \frac{0.05149}{2} \times 167 = 4.299\text{(mm)}$$

尾座偏移量可用百分表控制，表 7.23 所示为圆锥零件的加工步骤。

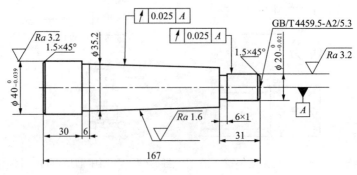

图 7.46　锥度心轴

表 7.23　圆锥零件加工步骤

步骤及图例		操作说明
1. 下　料		材料为 45 号钢，尺寸为 $\phi 45\text{mm} \times 169\text{mm}$
2. 装　夹		用三爪直接装夹工件，材料伸出长度约为 40mm
3. 刀　具		准备的刀具如下： 1）90° 外圆车刀； 2）45° 外圆车刀； 3）6mm 宽切槽刀； 4）A2.5 中心钻
4. 车端面、钻中心孔		用 45° 车刀先车端面； 用 A2.5 中心钻钻中心孔

续表 7.23

步骤及图例	操作说明
5. 车外圆	采用一夹一顶的装夹方式； 用 90° 车刀车外圆 $\phi21$mm，车削长度为 30mm； 车削 $\phi36.5$mm，长度为 108mm
6. 掉头装夹、车端面、钻中心孔	用 45° 车刀车削端面，保证工件总长为 167mm； 用 A2.5 中心钻钻中心孔
7. 车外圆	1）两顶尖装夹； 2）车外圆 $\phi40_{-0.039}^{0}$ mm 至尺寸； 3）控制尺寸为 30mm，车外圆 $\phi35.2_{-0.05}^{0}$ mm 至尺寸； 4）控制尺寸 106mm，车外圆 $\phi20_{-0.021}^{0}$ mm 至尺寸； 5）车槽 6mm×$\phi19$mm； 6）倒角 2-1.5×45°
8. 偏移尾座	调整尾座偏移量为 4.299mm
9. 车圆锥	1）两顶尖装夹； 2）粗、精车莫式 4 号锥度至尺寸； 3）倒角 0.5×45°

7.4 成形面的车削

有些零件的表面的素线呈曲线形，例如圆形、橄榄形、椭圆形等，图 7.47 所示为素线呈曲线的零件示意图。

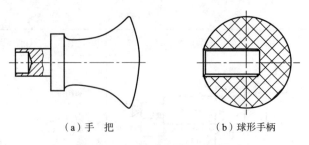

(a) 手　把　　　　　　　(b) 球形手柄

图 7.47　具有成形面的零件

在车床上加工如图 7.48 所示的零件，可根据零件的表面特征、表面精度和生产批量，采用不同的加工方法。常用的加工方法有：双手控制法、成形法、仿形法和专用工具法等。

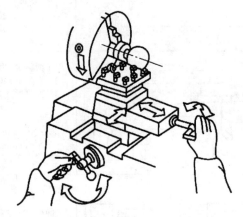

图 7.48　双手控制法示意图

7.4.1　用双手控制法车削成形面

用双手同时摇动小溜板和中溜板（或大溜板和中溜板），并通过双手的协调动作，使车刀的运动轨迹符合工件的表面曲线，从而车削出所要求的成形表面的方法，称为双手控制法。

用双手控制法车削成形面时，首先要分析曲面各点的斜率，然后根据斜率确定纵向、横向走刀速度的快慢。图 7.49 所示为圆球面的速度分析。

车削 a 点时，中溜板进刀速度要慢，小溜板退刀速度要快。车削到 b 点时，中溜板进刀和小溜板的退刀速度基本相同。车削到 c 点时，中溜板速度要快，小溜板的退刀速度要慢，即可车削出球面。车削时，关键是双手摇动手柄的速度配合要恰当。

车削单球手柄时,要先计算出球部长度 L,然后再车削(图 7.50)。计算公式为

$$L = \frac{1}{2}(D + \sqrt{D^2 - d^2})$$

式中,L——圆球部分长度,单位为 mm;

D——圆球直径,单位为 mm;

d——柄部直径,单位为 mm。

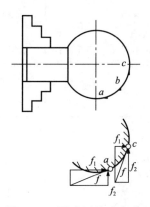
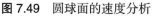
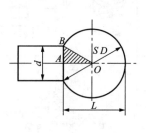

图 7.49　圆球面的速度分析　　图 7.50　单球手柄

7.4.2　用成形车刀车削成形面

成形法是用成形车刀对工件进行加工的方法。切削刃的形状与工件的成形表面的轮廓形状相同的车刀称为成形车刀,又称为样板刀。图 7.51 所示为常见的成形刀示意图。

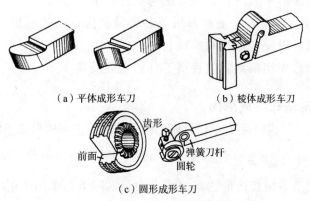

图 7.51　常见成形刀示意图

1. 成形刀的种类及其使用方法

生产中经常使用的成形车刀多为径向成形车刀。径向成形车刀按其结构和形状可分为平体成形车刀、棱体成形车刀和圆形成形车刀三种，成形车刀外形见图 7.51，其特点及使用范围见表 7.24。

表 7.24 成形车刀的特点及用途

种类	图例	特点	适用范围
平体成形车刀		制造简单，但重磨次数少	适用于加工形状简单的成形表面
棱体成形车刀		刀刃的强度、散热条件好，加工精度高	适用于加工外成形面
圆形成形车刀		重磨次数多，使用寿命长，制造简单，但刀具的系统刚性差	适用于加工内、外成形面

2. 成形车刀使用的注意事项

（1）安装成形车刀时，其刃口应与工件的中心等高；

（2）要调整好车床主轴和溜板等各部分间隙，选用较低的切削速度和较小的进给量，以避免车削时震动；

（3）合理选用切削液，以提高工件的表面质量。

7.4.3 用仿形法车削成形面

用仿形法车削成形面主要有靠板靠模、摆动靠模和横向靠模等几种方法。

1. 靠模板仿形法

在车床上用靠模板仿形法车削成形面，实际上与车圆锥用的仿形法基本相同，只需把锥度靠模板换上一个带有曲线槽的靠模板，并将滑块改为滚柱即可，加工方法如图 7.52 所示。在床身的前面装上靠模支架和靠模，滚柱通过拉杆与中滑板连接，并把中溜板丝杆抽去。当床鞍作纵向运动时，滚柱沿着靠模的曲线槽移动，使车刀刀尖作相应的曲线运动，从而车削出工件。

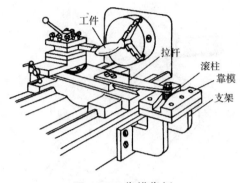

图 7.52 靠模靠板

2. 尾座靠模仿形法

尾座靠模仿形法的工作原理如图 7.53 所示，把一个标准样件（即靠模）装在尾座套筒内。在刀架上装上一把长刀夹，长刀夹上装有圆头车刀和靠模杆。车削时，用双手操作中溜板、小溜板，使靠模始终贴在标准样件上，并沿标准样件的表面移动。

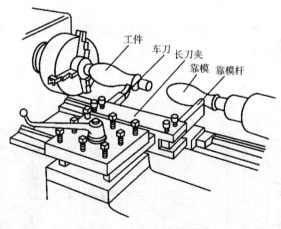

图 7.53 尾座靠模仿形法

7.4.4 用专用工具车削成形面

手动车削内外球面工具的结构如图 7.54 所示。使用时，把小溜板拆下，装上车削圆弧的工具。刀架可绕旋转中心转动，也可沿燕尾槽前后移动。车刀用螺钉固定在刀架的套筒中，由手轮调节切削深度，并用手柄锁紧。摇手柄可使刀架转动，从而车削出成形面。当刀尖超过旋转中心时，其轨迹为凹圆弧。

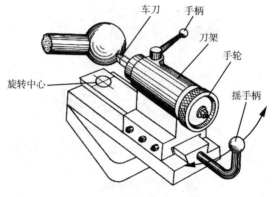

图 7.54　手动圆弧工具

7.5　车螺纹

7.5.1　螺纹加工基本知识

1. 螺旋线与螺纹

1）螺旋线

螺旋线是沿着圆柱（或圆锥）表面运动的点的轨迹。该点的轴向位移和相应的角位移成正比。它可以看成是底边等于圆柱周长 πd 的直角三角形 ABC 绕圆柱旋转一周，斜边 AC 在该圆柱表面上所形成的曲线，如图 7.55 所示。

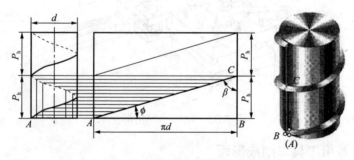

图 7.55　螺旋线的形成原理

2）螺　纹

螺纹为回转体表面上沿螺旋线所形成的、具有相同剖面的连续凸起或沟槽，也可以认为是平面图形绕和它共平面的回转线作螺旋旋转运动时的轨迹。

2. 螺纹的基本组成要素

以三角螺纹（普通牙型）为例，螺纹各基本组成如图 7.56 所示，螺纹基本组成名称及代号说明如表 7.25 所示。

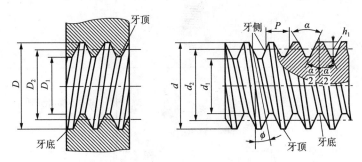

图 7.56 三角螺纹的基本组成

表 7.25 螺纹基本组成名称及代号说明

名　称	符　号	说　明
牙型角	α	螺纹牙型上相邻两牙侧间的夹角
螺　距	P	相邻两牙在中径线上对应两点间的轴向距离
导　程	P_h	在同一条螺旋线上相邻两牙在中径线上对应两点间的轴向距离。导程等于螺纹线数 n 乘以螺距，即 $P_h = n \times P$
螺纹大径	d、D	与外螺纹牙顶或内螺纹牙底相切的假想圆柱面或圆锥面的直径。外螺纹和内螺纹的大径分别用 d 和 D 表示
螺纹小径	d_1、D_1	与外螺纹牙底或内螺纹牙顶相切的假想圆柱面或圆锥面的直径。外螺纹和内螺纹的大径分别用 d_1 和 D_1 表示
螺纹中径	d_2、D_2	母线通过牙型上沟槽与凸起宽度相等地方的一个假想圆柱直径。同规格的外螺纹中径 d_2 与内螺纹中径 D_2 的公称尺寸相等
牙型高度	h_1	在螺纹的牙型上，牙顶到牙底在垂直于螺纹轴线方向上的距离
螺旋升角	ϕ	在中径圆柱或中径圆锥上，螺旋线的切线与垂直于螺纹轴线的平面的夹角

3. 螺纹的分类

螺纹的种类很多，表 7.26 所示为螺纹的分类状况。

表 7.26 螺纹的分类

分类情况	螺纹名称	图例	说明
按用途分	连接螺纹		起连接作用的螺纹，以三角形螺纹居多
	传动螺纹		起传动作用的螺纹，如三角形螺纹、梯形螺纹等
按牙型分	三角螺纹		三角形螺纹截面为三角形，主要包括：英制螺纹、米制锥螺纹、特种细牙螺纹、过渡配合螺纹、过盈配合螺纹、短牙螺纹、MJ 螺纹和 60° 圆锥管螺纹等。该螺纹的牙型角为 60°
	矩形螺纹		矩形螺纹效率高，主要用于传动，其截面为矩形，但因不易磨制，且内外螺纹旋合定心较难，所以常被梯形螺纹所代替
	梯形螺纹		梯形螺纹截面为等腰梯形，牙型角为 30°。与矩形螺纹相比，传动效率略低，但工艺性好，牙根强度高，对中性好
按牙型分	锯齿形螺纹		锯齿形螺纹牙的工作边接近矩形直边，多用于承受单向轴向力，其牙型主要有 30° 和 45° 两种
	圆形螺纹		其截面为半圆形，主要用于传动，目前应用最广的是在滚动丝杠上，与矩形螺纹相比，工艺性好，螺纹效率更高，对中性好，目前很多地方都取代了矩形螺纹和梯形螺纹，但因其配件加工复杂，成本较高，所以对传动要求不高的地方应用很少
按旋向分	右旋螺纹		顺时针旋转时旋入的螺纹称为右旋螺纹

续表 7.26

分类情况	螺纹名称	图 例	说 明
按旋向分	左旋螺纹		逆时针旋转时旋入的螺纹称为左旋螺纹
按螺旋线数分	单线螺纹		只有一条螺旋槽的螺纹,称为单线螺纹,单线螺纹的螺距＝导程
按螺旋线数分	多线螺纹	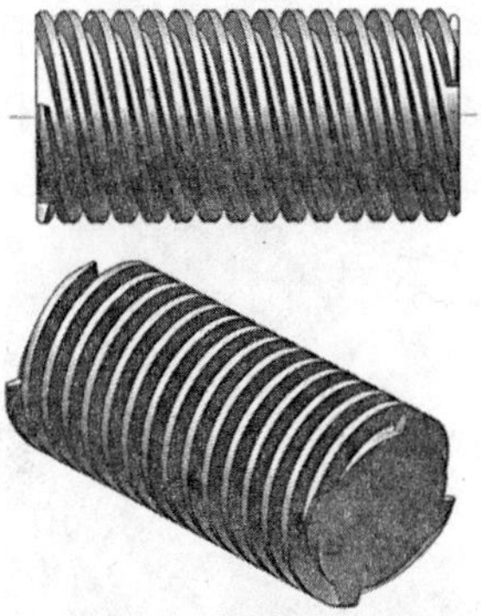	有两条以上螺旋槽的螺纹,称为多线螺纹
按母体形状分	圆柱螺纹		圆柱螺纹的中径处处相等,用于一般连接
按母体形状分	圆锥螺纹		圆锥螺纹的大径和小径不等,常用于液压和气动管路的连接

4. 螺纹的标记

螺纹的标记见表 7.27。

表 7.27　常用螺纹的标记

螺纹种类		特征代号	牙型角	标记示例	注　释
普通螺纹	粗牙	M	60°	M20LH-6g	M—普通螺纹
					20—公称直径
					LH—左旋螺纹
					6g—中径和顶径公差带代号
	细牙			M20×1.5-6H	M—普通螺纹
					20—公称直径
					1.5—螺距
					6H—中径和顶径公差带代号
梯形螺纹		Tr	30°	Tr36×10（P5）-7H	Tr—梯形螺纹
					36—公称直径
					10—导程
					P5—螺距为 5mm
					7H—中径公差带代号
矩形螺纹			0°	矩形 32×6	32—公称直径
					6—螺距

5．普通螺纹的基本尺寸及计算

1）普通螺纹的基本尺寸

普通三角螺纹的基本牙型如图 7.57 所示。基本牙型、直径与螺距如表 7.28 所示。

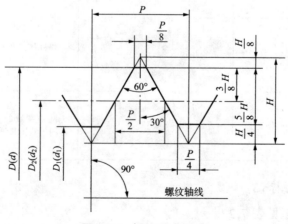

图 7.57　螺纹基本尺寸

表 7.28 基本牙型（GB/T 192—2002），直径与螺距（GB/T 192—2003） （单位：mm）

公称直径 D、d		粗牙			细牙	公称直径 D、d		粗牙			细牙
第一系列	第二系列	螺距 P	中径 D_2、d_2	小径 D_1、d_1	螺距 P	第一系列	第二系列	螺距 P	中径 D_2、d_2	小径 D_1、d_1	螺距 P
3		0.5	2.675	2.459	0.35		33	3.5	30.727	29.211	(3), 2, 1.5, (1), (0.75)
	3.5	(0.6)	3.110	2.850		36		4	33.402	31.670	3, 2, 1.5, (1)
4		0.7	3.545	3.242			39		36.402	34.670	
	4.5	(0.75)	4.013	3.688	0.5	42		4.5	39.077	37.129	(4), 3, 2, 1.5, (1)
5		0.8	4.480	4.134			45		42.077	40.129	
6		1	5.350	4.918	0.75, (0.5)	48		5	44.752	42.588	
8		1.25	7.188	6.647	1, 0.75, (0.5)		52		48.752	46.588	(4), 3.2, 1.5, (1)
10		1.5	9.026	8.376	1.25, 1, 0.75, (0.5)	56		5	52.428	50.046	
12		1.75	10.863	10.106	1.5, 1.25, 1, (0.75), 0.5	60		5.5	56.428	54.046	4.3, 2, 1.5, (1)
	14	2	12.701	11.835	1.5, (1.25), 1, (0.75), (0.5)		64	(5.5)	60.103	57.505	
							68		64.103	61.505	
16		2	14.701	13.835	1.5, 1, (0.75), (0.5)		72	6			6,4,3,2, 1.5, (1)
	18		16.376	15.294			76				
20		2.5	18.376	17.294	2, 1.5, 1, (0.75), (0.5)	80					6,4,3,2, 1.5, (1)
	22		20.376	19.294		90	85				
24		3	22.052	20.752	2, 1.5, 1, (0.75)	100	95				
	27		25.052	23.752		110	105				6, 4, 3, 2, (1.5)
30		3.5	27.727	26.211	(3), 2, 1.5, 1, (0.75)	125	115				
							120				

注：1. 优先选用第一系列，其次是第二系列，第三系列（表中未列出）尽可能不用。
2. M14×1.25 仅用于火花塞。
3. 括号内尺寸尽可能不用。

2）普通螺纹的尺寸计算

普通三角螺纹的尺寸计算公式如表 7.29 所示。

表 7.29 普通三角螺纹的尺寸计算　　　　　　　　（单位：mm）

名　称		代　号	计算公式
外螺纹	牙型角	α	60°
	原始三角形高度	H	$H=0.866P$
	牙型高度	h	$h=5/8H=5/8 \times 0.866P=0.5413P$
	中　径	d_2	$d_2=d-2 \times 3/8H=d-0.6495P$
	小　径	d_1	$d_1=d-2h=d-1.0825P$
内螺纹	中　径	D_2	$D_2=d_2$
	小　径	D_1	$D_1=d_1$
	大　径	D	$D=d=$ 公称直径
螺旋升角		ϕ	$\tan\phi=np/\pi d_2$

6．螺纹车削的技术要求

普通三角螺纹具有螺距小、长度短、自锁性好等特点，常用于机械零部件的连接、紧固等。其车削加工的技术要求如下：

（1）中径尺寸要符合相应的精度要求；

（2）牙型角必须正确，两牙型半角必须相等；

（3）牙型两侧的表面粗糙度值要小；

（4）螺纹轴线与工件轴线应保持同轴。

7．三角螺纹的车削加工

车削三角螺纹的方法分为高速车削和低速车削两种。

低速车削：低速车削使用高速钢螺纹车刀，车削的精度高，表面粗糙度值小，但效率低。

高速车削：高速车削使用硬质合金螺纹车刀，车削的效率高，能比低速车削提高 15～20 倍，只要措施得当，也可获得较小的表面粗糙度值。

1）低速车削三角螺纹的方法

（1）直进法。

直进法是在车削螺纹时，只利用中溜板的横向进刀，如图 7.58（a）所示。直进法车螺纹可以得到比较正确的齿形，但由于切削时刀具两主切削刃同时受力，切削阻力较大，螺纹不易车光，并且容易产生扎刀现象，因此只适用螺距 $P < 1\text{mm}$ 的三角形螺纹粗车、精车。

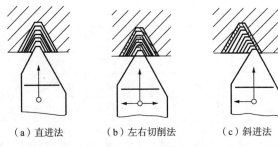

(a) 直进法　　　(b) 左右切削法　　　(c) 斜进法

图 7.58　低速车削三角螺纹的进刀方法

（2）左右切削法。

左右切削法是在车削螺纹时，除了用中溜板刻度控制螺纹车刀的横向吃刀外，同时使用小拖板让车刀左、右微量进给，这样重复切削几次行程，精车的最后 1~2 刀应采用直进法微量进给，以保证螺纹的牙型正确，如图 7.58（b）所示。

采用左右切削法车削螺纹时，车刀只有一个侧面进行切削，不仅排屑顺利，而且还不易出现扎刀现象，但精车时，车刀的左右进给量一定要小，否则易造成牙底过宽或牙底不平。此方法适用于除车削梯形螺纹外的各类螺纹的粗车、精车。

（3）斜进法。

在粗车螺纹时，为了操作方便，除了中溜板进给外，小拖板可先向一个方向进给，如图 7.58（c）所示。

斜进法除第一层切削两主切削刃同时受力外，其他层切削时，刀具沿牙型侧面切削，使刀尖负荷减小，且深可数次进给，所以不容易产生扎刀现象。每次进给背吃刀量用螺纹深度减去精加工背吃刀量，所得的差按递减分配。常用的螺纹切削进给次数与背吃刀量见表 7.30。

表 7.30　常用螺纹切削的进给次数与背吃刀量　　　（单位：mm）

	螺　距		1.0	1.5	2	2.5	3	3.5	4
米制螺纹	牙深（半径量）		0.649	0.974	1.299	1.624	1.949	2.273	2.598
	切削次数及吃刀深度（直径量）	1次	0.7	0.8	0.9	1.0	1.2	1.5	1.5
		2次	0.4	0.6	0.6	0.7	0.7	0.7	0.8
		3次	0.2	0.4	0.6	0.6	0.6	0.6	0.6
		4次		0.16	0.4	0.4	0.4	0.6	0.6
		5次			0.1	0.4	0.4	0.4	0.4
		6次				0.15	0.4	0.4	0.4
		7次					0.2	0.2	0.4
		8次						0.15	0.3
		9次							0.2

续表 7.30

	牙 /in		24	18	16	14	12	10	8
英制螺纹	牙深（半径量）		0.678	0.904	1.016	1.162	1.355	1.626	2.033
	切削次数及吃刀深度（直径量）	1次	0.8	0.8	0.8	0.8	0.9	1.0	1.2
		2次	0.4	0.6	0.6	0.6	0.6	0.7	0.7
		3次	0.16	0.3	0.5	0.5	0.6	0.6	0.6
		4次		0.11	0.14	0.3	0.4	0.4	0.5
		5次				0.13	0.21	0.4	0.5
		6次						0.16	0.4
		7次							0.17

2）高速车削三角形螺纹

当选择 $v=50\sim100$ m/min 的切削速度高速切削三角形外螺纹时，只能用直进法进刀，使切屑垂直于轴线方向排出或卷成球状。如果用左右进刀法，车刀只有一个刀刃参加切削，高速排出的切屑会把另外一面拉毛而影响螺纹的表面粗糙度。高速切削螺纹比低速切削螺纹的生产效率可提高 15～20 倍。

3）螺纹车削刀具

螺纹车刀分为外圆螺纹车刀和内孔螺纹车刀两大类。根据材料不同又分为高速钢螺纹车刀和硬质合金螺纹车刀。表 7.31 所示为常见的螺纹车刀的外形图及切削角度。

表 7.31 常见螺纹车刀的外形图及切削角度

刀具材料	刀具名称及切削角度	
	外螺纹车刀	内螺纹车刀
高速钢		

续表 7.31

刀具材料	刀具名称及切削角度	
	外螺纹车刀	内螺纹车刀
高速钢	(精车刀)	(精车刀)
硬质合金		

4）螺纹车刀的安装方法

用表 7.31 所示的螺纹车刀，能够加工出符合标准的内、外螺纹，但由于装夹不当，所车削的螺纹仍可出现废品。

装夹外螺纹车刀时，刀尖位置一般应对准工件中心（可根据尾座顶尖高度检验）。车刀刀尖的对称中心线必须与工件轴线垂直，装刀时可用螺纹样板来对刀，对刀方式如图 7.59（a）所示。如果安装后的螺纹车刀刀尖角的对称中心线与工件轴线呈非垂直状态，就会产生牙型歪斜，如图 7.59（b）所示。刀头伸出不宜过长，一般为刀杆厚度的 1.5 倍左右。

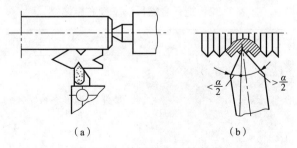

图 7.59 外螺纹车刀的装夹

装夹内螺纹车刀时，必须严格按照螺纹样板找正刀尖角，如图 7.60（a）所示。刀杆伸出长度稍大于螺纹长度，刀装好后应在孔内移动至终点检查是否有碰撞，如图 7.60（b）所示。

高速车铣削螺纹时，为了防止震动和"扎刀"现象，刀尖应略高于工件中心，一般应高 0.1 ~ 0.3mm。

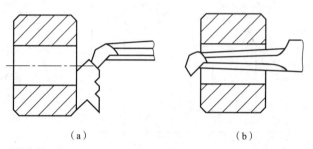

（a）　　　　　　　　　　　　（b）

图 7.60　内螺纹车刀的装夹

5）螺纹的加工方法

下面介绍右旋螺纹的车削方法。

以车削 M20×1-6g 外螺纹为例。

车削螺纹的方法有提开合螺母法和开倒顺车法两种，它们的区别是：提开合螺母法在车削过程中，开合螺母可以在每一次车削后提开，第二次（第三次、第 n 次）车削时再合上；而开倒顺车法是在车削过程中开合螺母一直处于合上的工作状态。

使用提开合螺母法的前提条件是：所加工零件的螺距能被机床丝杠导程整除，不能整除则采用开倒顺车法加工。

按表 7.32 所示，M20×1-7g 为普通外螺纹，公称直径为 20mm，螺距为 1mm，中径公差带为 7g，采用直进法对其进行加工。表 7.32 所示为利用提开合螺母的方法车削 M20×1-6g 外螺纹的操作步骤。表 7.33 所示为利用开倒顺车的方法车削 M20×1-6g 外螺纹的操作步骤。

表 7.32　提开合螺母法车削右旋螺纹

动作名称	图　例	操作说明
查找手柄挡位		按进给箱上的参数标记查找螺距为 1mm 时的手柄挡位，t、1、I

7.5 车螺纹　169

续表 7.32

动作名称	图 例	操作说明
调整手柄挡位		1）将进给箱上左侧小手柄设定在位置 t； 2）将进给箱上中间手柄调至为 1； 3）将进给箱上右侧手柄调至为Ⅰ； 4）主轴转速设定为 320r/min
对 刀	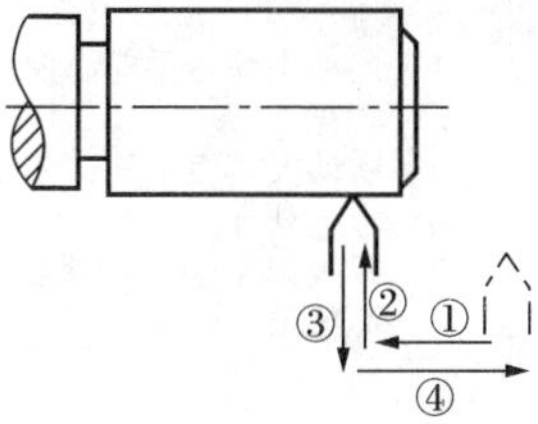	1）机床启动，主轴正转； 2）摇动大溜板手轮，使螺纹车刀沿①方向向左移动至图示位置； 3）摇动中溜板手轮，使螺纹车刀沿②方向向前移动，当刀尖将碰到零件为止； 4）中溜板手轮刻度调零； 5）摇动中溜板手轮，使螺纹车刀沿③方向退出； 6）摇动大溜板手轮，使螺纹车刀沿④方向退出至图示位置； 7）机床停止
开合螺母		合上溜板箱上的开合螺母（合不上时，可左右摇动大溜板手轮，直至合上为止）
进刀车削	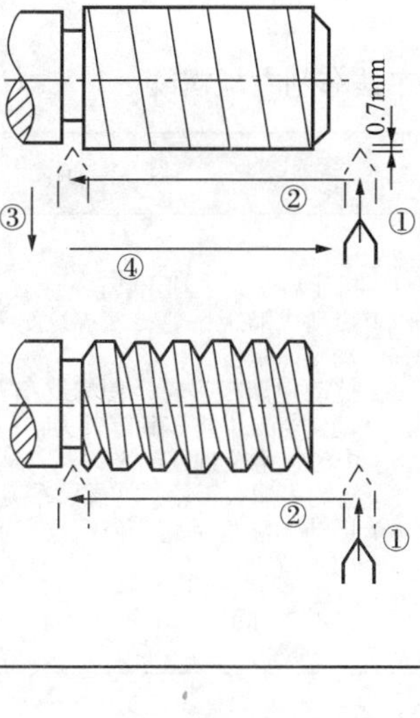	1）按照表 7.30 的分次进给数据，调整中溜板手轮刻度，横向进给 0.7mm（轨迹①）； 2）用左手向上抬起离合器手柄，使主轴正转，右手扶住开合螺母手柄； 3）当刀尖纵向进至空刀槽处时（轨迹②），右手迅速将开合螺母打开；

动作名称	图例	操作说明
进刀车削	 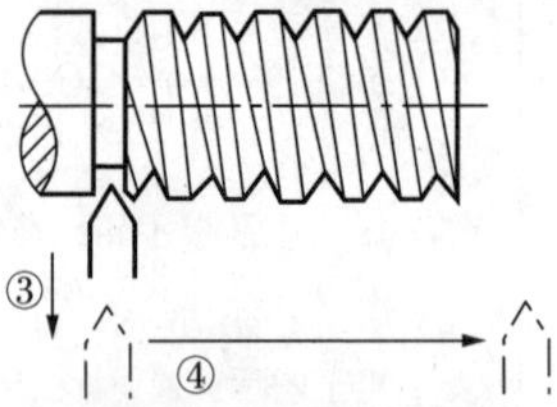 	4）摇动中溜板手轮，使车刀沿轨迹③退出空刀槽； 5）摇动大溜板手轮，使车刀沿轨迹④退出； 6）合上开合螺母； 7）重复以上步骤，进给深度分别为 0.4mm、0.2mm
测量	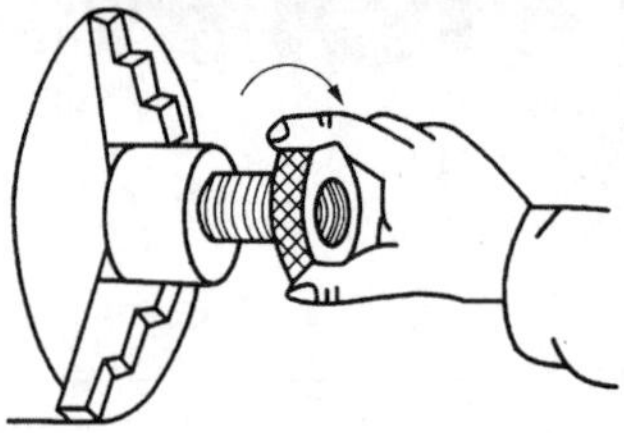	使用 M20×1 的螺纹环规进行测量，通规应拧入工件，止规不能拧入工件

表 7.33 开倒顺车法车削右旋螺纹

动作名称	图例	操作说明
对刀	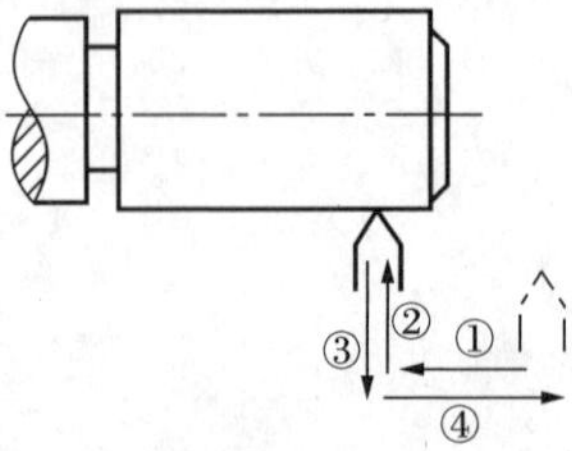	1）机床启动，主轴正转； 2）摇动大溜板手轮，使螺纹车刀沿①方向向左移动至图示位置； 3）摇动中溜板手轮，使螺纹车刀沿②方向向前移动，当刀尖将车到零件为止； 4）中溜板手轮刻度调零； 5）摇动中溜板手轮，使螺纹车刀沿③方向退出； 6）摇动大溜板手轮，使螺纹车刀沿④方向退出至图示位置； 7）机床停止

续表 7.33

动作名称	图 例	操作说明
开合螺母		合上溜板箱上的开合螺母
进刀车削	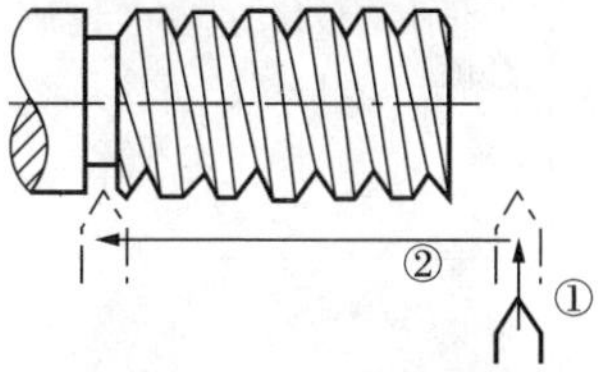  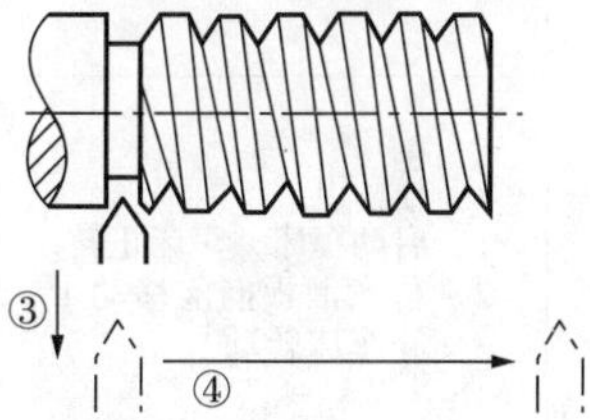	1）按照表 7.30 的分次进给数据，调整中溜板手轮刻度，横向进给 0.7mm（轨迹①）； 2）右手向上抬起离合器手柄，使主轴正转； 3）当刀尖纵向进给至空刀槽处时（轨迹②），左手迅速逆时针摇动中溜板手轮，使车刀沿轨迹③退出工件表面；同时右手迅速将离合器手柄向下按（反车），使车刀沿轨迹④退出； 4）重复以上步骤，进给深度分别为 0.4mm、0.2mm
测 量	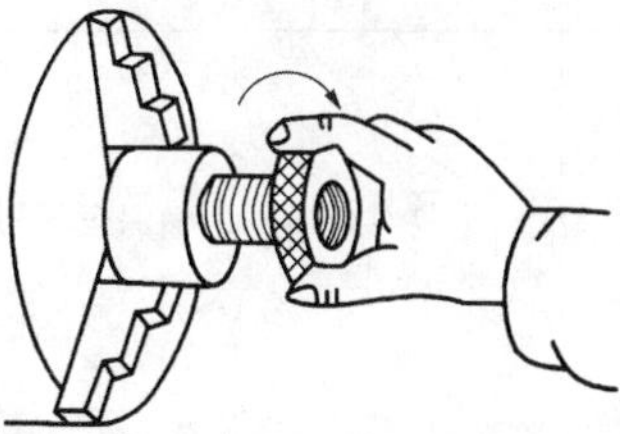	使用 M20×1 的螺纹环规进行测量，通规应拧入工件，止规不能拧入工件

6）中途对刀

在车削螺纹的过程中，由于刀具出现磨损（或精车）而更换刀具时，应重新对刀，即中途对刀。中途对刀的方法件表 7.34 所示。

表 7.34　中途对刀的步骤

动作名称	图　例	操作说明
换　刀	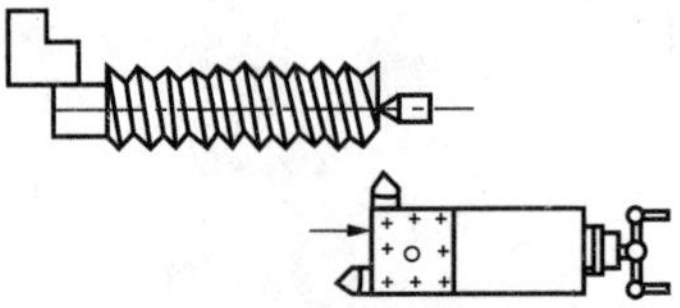	将中溜板移动至零件右侧，换刀
横向进刀	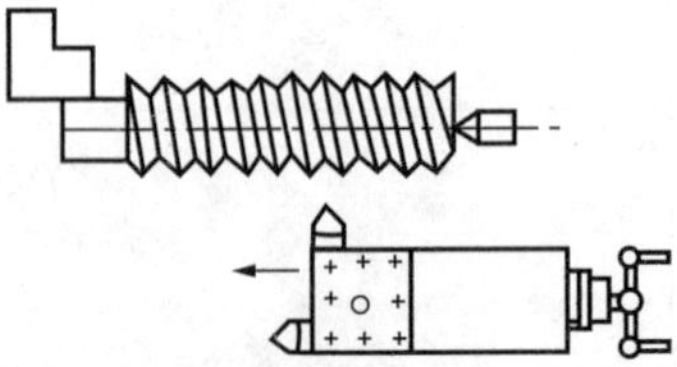	将中溜板移动至零件已加工的螺纹表面外侧
对　刀	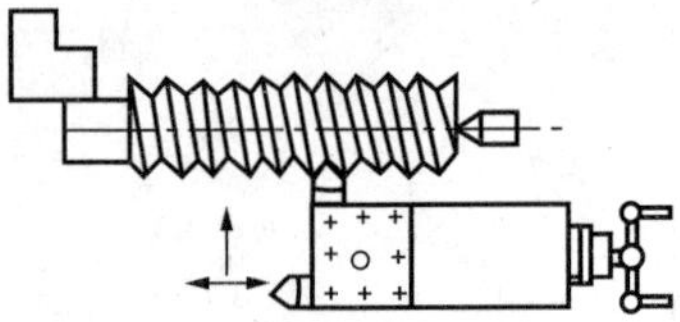	1）按下开合螺母； 2）移动中溜板、小溜板，使车刀刀尖对准螺旋槽中间
退　刀	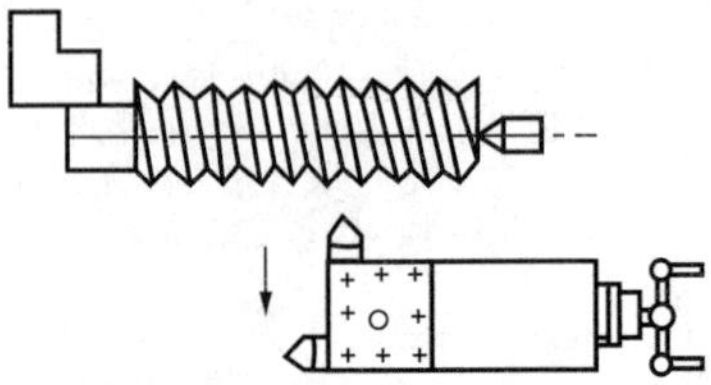	移动中溜板，使车刀退出螺旋槽
启动机床	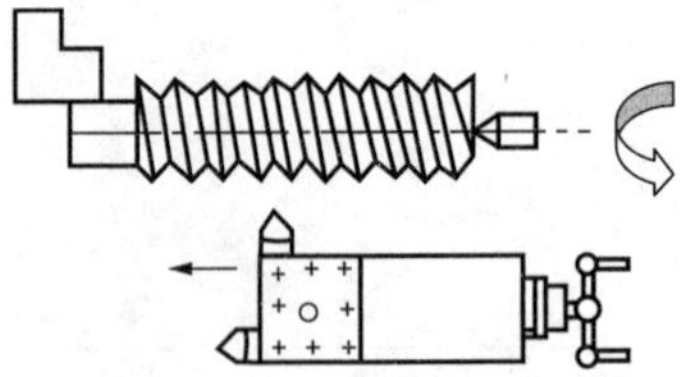	1）启动车床，车床正转； 2）待大溜板向前移动 1~2 个螺距，停止车床转动
精确对刀	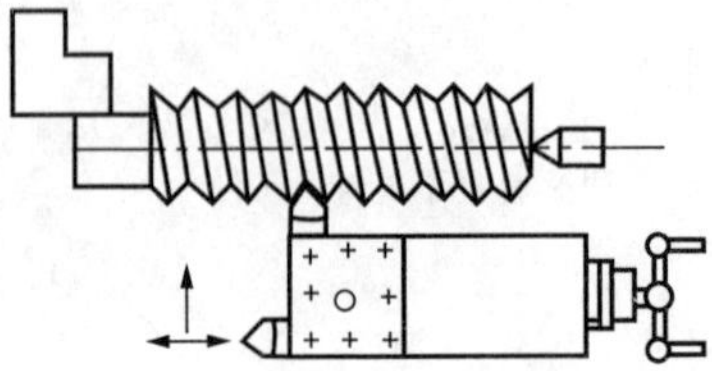	重复对刀步骤，确保车刀刀尖与螺旋槽对准

续表 7.34

动作名称	图 例	操作说明
退 刀		移动中溜板，使车刀退出螺旋槽，准备加工

7.5.2 三角螺纹加工实例

图 7.61 所示零件为具有三角外螺纹的阶梯轴，材料为 45 号钢。表 7.35 所示为该零件的车削加工操作步骤。

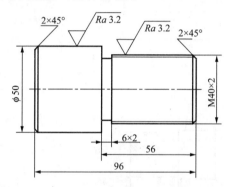

图 7.61 具有三角外螺纹的阶梯轴

表 7.35 三角外螺纹阶梯轴的加工步骤

步 骤	图 例	操作说明
1. 下 料		材料为 45 号钢，下料尺寸为 $\phi55mm \times 98mm$
2. 装 夹		用三爪直接装夹工件，保证伸出长度为 64mm

续表 7.35

步 骤	图 例	操作说明
3. 刀 具	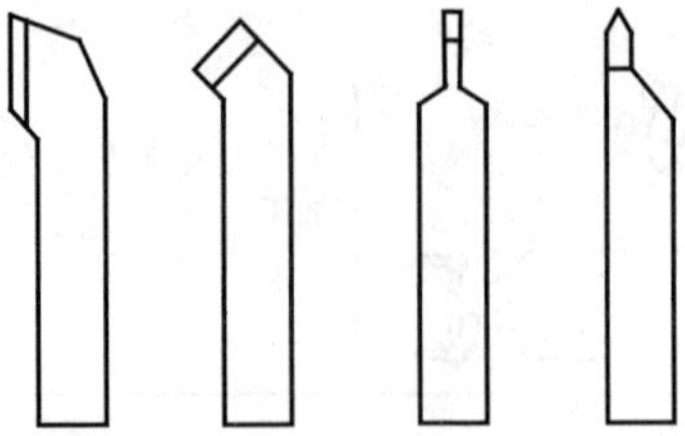	准备的刀具如下： 1）90°外圆车刀； 2）45°外圆车刀； 3）6mm 宽切槽刀； 4）60°螺纹车刀
4. 车端面	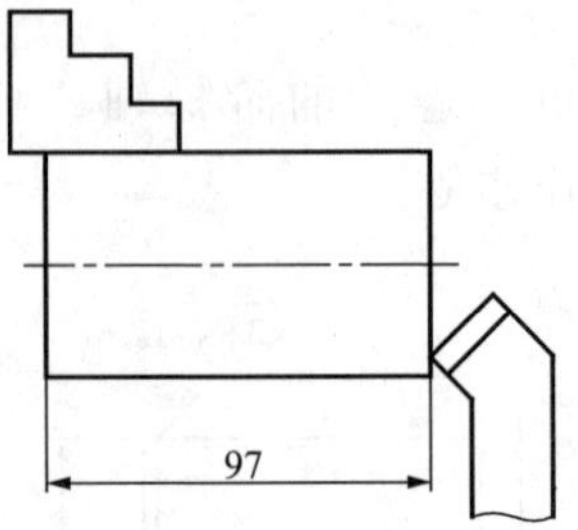	用45°车刀车端面，保证轴向尺寸为 97mm
5. 车外圆	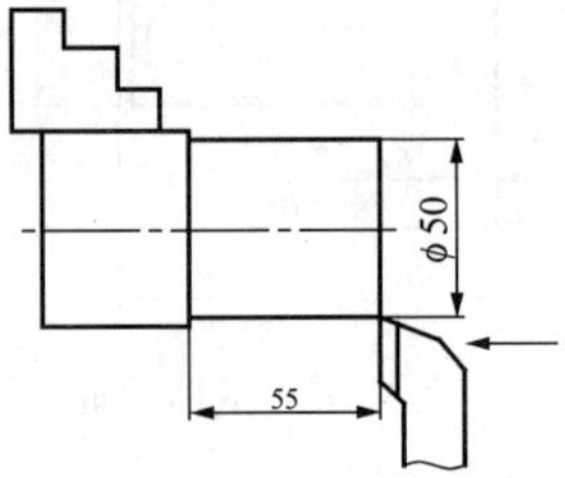	用90°车刀车外圆要求尺寸至 ϕ50mm
6. 掉头车端面、倒角	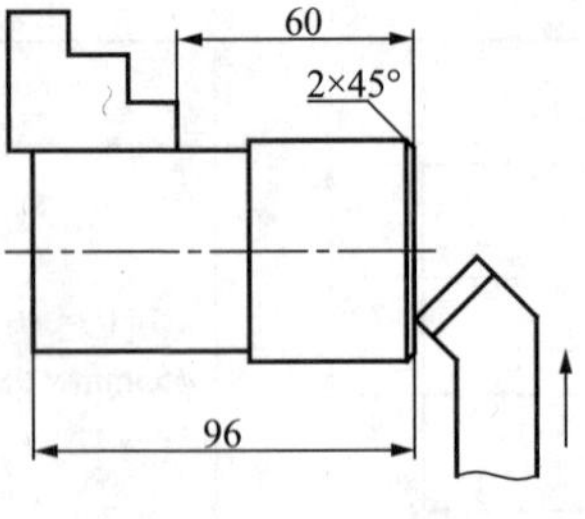	1）掉头装夹，保证伸出长度为 60mm； 2）用45°车刀车端面，保证轴向尺寸为 96mm； 3）用45°车刀倒角 2×45°
7. 车外圆	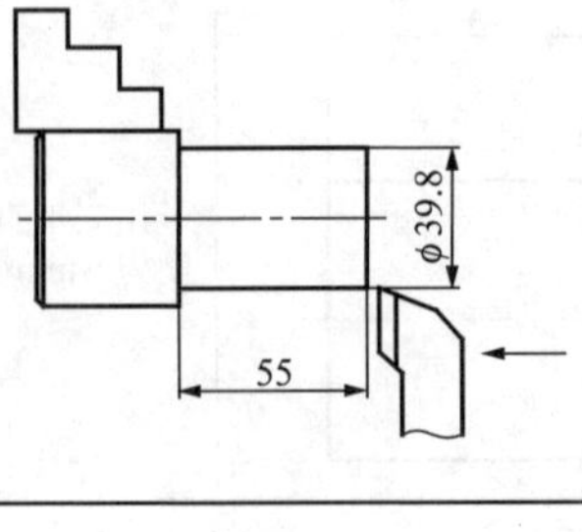	用90°车刀车外圆，要求尺寸至 ϕ39.8mm

续表 7.35

步 骤	图 例	操作说明
8. 切 槽		用切槽刀切空刀槽，距右端面 56mm，直径为 ϕ36mm
9. 车螺纹		用螺纹车刀车螺纹； 采用提开合螺母法车削螺纹： 1）刀具为硬质合金时，转速为 400r/min； 2）刀具为高速钢时，转速为 210r/min

7.6 滚花加工

7.6.1 滚花的概念

有些工具和零件的捏手部分，为了增加其摩擦力、便于使用和外表美观，通常对其外表面在车床上滚压出不同的花纹，称为滚花。

花纹的种类有直纹和网纹两种。花纹也有粗细之分，其粗细程度可用模数 m 标示。其形状如图 7.62 所示，其部分尺寸如表 7.36 所示。

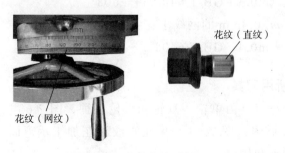

图 7.62 滚花花纹形状

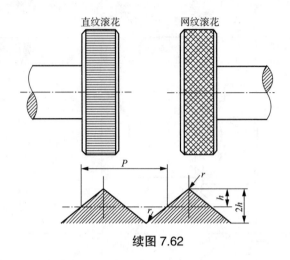

续图 7.62

表 7.36 滚花各部分尺寸（GB 6403.3-86） （单位：mm）

模数 m	h	r	节距 P
0.2	0.132	0.06	0.628
0.3	0.198	0.09	0.942
0.4	0.264	0.12	1.257
0.5	0.326	0.16	1.571

注：①表中 $h=0.785m-0.414r$。

滚花加工的一般技术要求是：

（1）滚花前工件的表面粗糙度轮廓算术平均偏差 $Ra \leqslant 12.5\mu m$。

（2）滚花后工件直径大于滚花前的工件直径，其值 $\Delta \approx (0.8 \sim 1.6)m$，$m$ 为模数。

根据国家标准 GB/T 6403.3—2008 的规定，滚花的标注方法如下。

标注模数 $m=0.3mm$ 的直纹滚花：

  直纹　m0.3　GB/T 6403.3—2008

标注模数 $m=0.4mm$ 的网纹滚花：

  网纹　m0.4　GB/T 6403.3—2008

7.6.2 滚花所用刀具

常用的滚花刀具由单轮、双轮和六轮三种，图 7.63 所示为单轮和双轮滚花刀具的外形图，图 7.64 为单轮直纹滚花加工示意图。表 7.37 列举了滚花刀具的种类和用途。

(a) 单轮直纹滚花刀具　　　（b) 双轮网纹滚花刀具

图 7.63　滚花刀具外形示意图　　　图 7.64　双轮直纹滚花加工示意图

表 7.37　滚花刀具的种类和用途

种类	用途	图示
单轮	单轮滚花刀由直纹滚轮 1 和刀柄 2 组成，通常用来滚直纹	
双轮	双轮滚花刀有两只不同旋向的滚轮 1、2 和浮动连接头 3 及刀柄 4 组成，通常用来滚网纹	
六轮	六轮滚花刀由三对滚轮组成，并通过浮动连接头支持这三对滚轮，可以分别滚出粗细不同的三种模数的网纹	

7.6.3　滚花的加工方法

由于滚花过程是用带有纹路的滚轮来滚压被加工表面的金属层，使其产生一定的塑性变形而形成直纹或网纹，所以滚花时产生的径向压力很大。滚花前应根据工件材料的物理性能和滚花节距 P 的大小，将工件滚花表面的直径减小（0.8~1.6）m 毫米。滚花刀具装夹在车床的刀架上时，必须是滚花刀具的装刀中心与工件回转中心等高滚花刀具的安装方法，如表 7.38 所示。

表 7.38 滚花刀具的安装方法

安装方法	用途	图示
平行安装	滚压有色金属或滚花表面要求较高的工件时,滚花刀的滚轮表面与工件表面平行安装	
倾斜安装	滚压碳素钢或滚花表面要求一般的工件,滚花刀具的滚轮表面相对于工件表面向左倾斜3°~5°安装;这样便于切入且不易产生乱纹	

7.6.4 滚花加工时的切削用量选择

滚花加工时,切削用量的选择如表 7.39 所示。

表 7.39 滚压网纹切削用量的选择

车刀类型	加工性质	转速 $n/$(r/min)	背吃刀量 $a_p/$(mm)	进给量 $f/$(mm/r)
硬质合金车刀	粗车	400~500	1~2	0.2~0.3
	精车	800 左右	0.15~0.25	0.1
双轮滚花刀	粗车	50	h($h/2$、$h/2$)	0.3~0.6

注:开始滚压时,必须用较大的径向力进刀,使工件刻出较深的花纹(h),否则容易乱纹。全纹深度可分为三次滚压:h、$h/2$、$h/2$。

例如,加工图 7.65 所示零件的滚花部分,材质为 45 号钢。

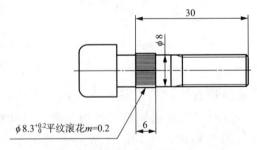

图 7.65 滚花零件

图纸标注 $m=0.2$,根据滚花计算公式 $h=0.785m-0.414r$ 计算滚花的直纹深度为(设 $r=0$)

$h=0.785×0.2=0.157$（mm）

滚压深度为 $2h=0.314$mm。

滚花步骤分为三次径向进给：0.157mm、0.0785mm、0.0785mm。滚花的加工步骤如表 7.40 所示。

表 7.40 滚花的加工步骤

序号	步骤	操作	图示
1	装夹工件	夹持工件大头	
2	计算 h	转速 $n=50$ r/min 进给量 $f=0.4$ mm/r	由公式：$h=0.785m-0.414r$（设 $r=0$） $h=0.785×0.2=0.157$mm 滚压深度为 $2h=0.314$mm
3	滚花	根据图样选择直纹滚花刀，分三次滚压（0.157mm、0.0785mm、0.0785mm），滚压至图样要求	

在滚压时还应注意：

（1）开始滚花时，必须使用较大的径向压力进刀，使工件刻出较深的花纹，否则容易产生乱纹现象。

（2）为了减小开始滚压时的径向压力，可以使滚压轮表面约 1/2～1/3 宽度与工件接触（图 7.66），这样滚花刀具就比较容易压入工件表面。在停车检查花纹符合要求后，即可纵向机动进刀。如此反复滚压 1～3 次，直至花纹达到图纸要求为止。

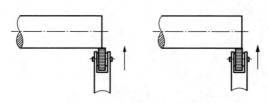

图 7.66 滚花刀起刀位置

（3）滚花时还需浇注切削油用于润滑滚轮，并经常清除滚压产生的切屑。

(4)滚花时,不能用手或棉纱去接触滚压表面,以防绞手伤人。清除切屑时应该避免毛刷接触工件与滚轮的咬合处,以防毛刷卷入伤人。

(5)滚花时,若发现乱纹应立即径向退刀并检查原因,及时纠正。具体方法如表 7.41 所示。

表 7.41 滚花时产生乱纹的原因和解决方法

产生乱纹原因	纠正方法
工件外圆周长不能被滚花刀节距 P 整除	把外圆略车小一些,使其能被节距 P 整除
滚轮与工件接触时,横进给压力太小	一开始就加大横进给量,使其压力增大
工件转速过高,滚轮与工件表面产生打滑	降低工件转速
滚轮转动不灵活或滚轮与小轴配合间隙太大	检查原因或调换小轴
滚轮齿部磨损或滚轮齿间有切屑嵌入	清除切屑或更换滚轮

第 8 章 常用量具的使用方法

车工常用的量具有很多，图 8.1 的思维导图列出了车工常用的量具。主要有：钢直尺、卡钳、游标卡尺、万能角度尺、外径千分尺、内径千分尺、螺纹千分尺、百分表、内径百分表、深度千分尺、壁厚千分尺等。

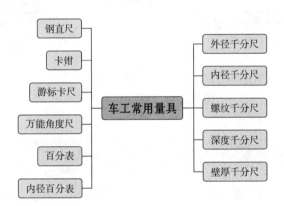

图 8.1　车工常用量具知识要点的思维导图

8.1　钢直尺

钢直尺（俗称钢板尺）是一种简单的长度测量量具，一般用于对零件毛坯直径和零件长度简单测量。为了测量不同长度的零件，钢直尺的规格长度也不同。其规格有：150mm、200mm、300mm、500mm、1000mm、1500mm 和 2000mm 等。

钢直尺外形图如图 8.2（a）所示。钢直尺的刻度有两种：一种是一面刻有公制（米制）尺寸，每小格为 0.5mm，背面刻有英制尺寸换算。另一种是尺面下方刻有英制尺寸，上方刻有公制尺寸。

钢直尺上尺寸的读法和使用方法如图 8.2、图 8.3 所示。在图 8.2（c）

中,上行每小格 0.5mm 和 1mm,下行每小格有 1/64in、1/32in 和 1/16in。

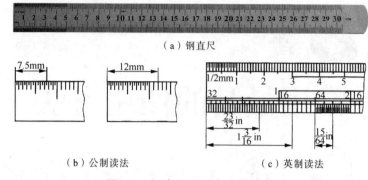

(a)钢直尺

(b)公制读法　　　　　　　　(c)英制读法

图 8.2　钢直尺和钢直尺的读法

(a)测量长度　　　　(b)测量直径　　　　(c)测量宽度

图 8.3　钢直尺的使用方法

8.2　卡　钳

由于卡钳是一种间接量具,故经常使用在尺寸精度要求不高的零件测量。使用时应与钢直尺或其他量具一同使用。

卡钳分为内卡钳和外卡钳,分别测量零件的外表面和内表面。卡钳的种类、卡钳取得尺寸的方法如图 8.4 和图 8.5 所示。

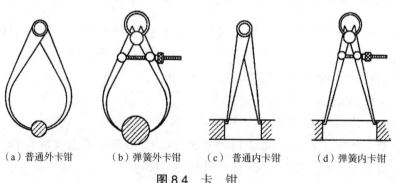

(a)普通外卡钳　　(b)弹簧外卡钳　　(c)普通内卡钳　　(d)弹簧内卡钳

图 8.4　卡　钳

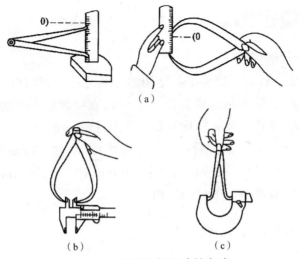

图 8.5 卡钳取得尺寸的方法

卡钳的使用方法如下：

（1）外卡钳是用三个手指轻拿卡钳，利用卡钳自重平稳下落，感到松紧自如为宜，不能用卡钳横着卡，因为卡钳自重会影响测量时的感觉，卡钳测量姿势如图 8.6（a）、（b）所示。测量时卡钳应与被测面垂直而不要倾斜。

（2）内卡钳是用三个手指轻握已经调整好的开口卡钳，轻轻放入孔内，使下卡脚贴紧孔壁，摆动上卡脚两处最大直径，如图 8.6（c）所示。

（3）内外卡钳交接的姿势如图 8.6（d）所示。内外卡钳交接时的夹角应为 90°，并稍有轻微的接触感为宜。

按上面方法测量后，在钢直尺上取尺寸，其精度可达 0.2mm 左右；在卡尺和千分尺上取尺寸，其精度可达 0.03mm。

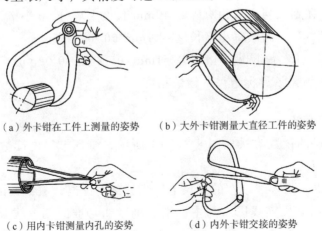

（a）外卡钳在工件上测量的姿势　（b）大外卡钳测量大直径工件的姿势
（c）用内卡钳测量内孔的姿势　（d）内外卡钳交接的姿势

图 8.6 卡钳测量的姿势

8.3 游标卡尺

8.3.1 游标卡尺的结构

游标卡尺是金属切削加工中最常用的量具之一,其结构由主尺、副尺、固定卡脚、活动卡脚、制动螺钉组成。可以直接测量工件的内径、外径、宽度和深度等。按其读数的准确程度,游标卡尺一般分为10分度、20分度和50分度三种。它们的读数精度分别为0.1mm、0.05mm、0.02mm。游标卡尺的测量范围有0~125mm、0~200mm和0~300mm等多种规格。图8.7所示为50分度游标卡尺的结构。

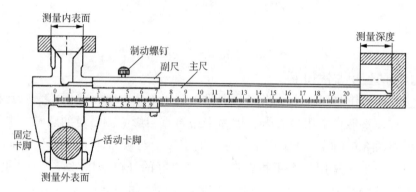

图8.7 游标卡尺的结构

8.3.2 刻线原理

游标卡尺的刻线原理如图8.8(a)所示,当主尺和副尺(游标)的卡脚贴合时,在主、副尺上各刻有一条上下对准的零线,主尺按每小格为1mm刻线,在副尺与主尺相对应的49mm长度上等分50小格,则

副尺每小格长度 =49mm/50=0.98mm

主、副尺每小格之差 =1mm-0.98mm=0.02mm

0.02mm就是该游标卡尺的读数精度。

8.3.3 读数方法

游标卡尺的读数方法如图8.8(b)所示,游标卡尺的读数方法可分为三步:

(1)根据副尺零线以左的主尺上的最近刻度读出整数:90mm;

(2)根据副尺零线以右与主尺某一刻度线对准的刻度线乘以0.02mm读出小数:21×0.02mm;

（3）将以上的整数和小数两部分尺寸相加即为总尺寸。例如图8.8（b）中的读数为

$$90\text{mm}+21\times0.02\text{mm}=90.42\text{mm}$$

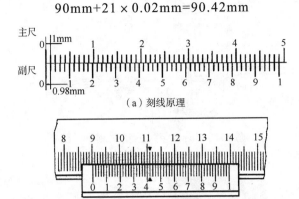

图 8.8　50分度游标卡尺的刻线原理和读数方法

8.3.4　使用方法

测量前应先松开副尺上的制动螺钉，其使用方法如图8.9所示。其中图8.9（a）中为测量工件外径的方法；图8.9（b）为测量工件内径的方法；图8.9（c）为测量工件宽度的方法；图8.9（d）为测量工件深度的方法。

使用中，应切记卡尺的主尺必须与被测尺寸处于垂直或平行，切忌歪斜，以免测量不准。图8.10为游标卡尺不正确的使用方法，图8.11为测量方法对比。

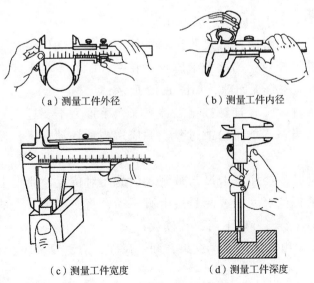

图 8.9　游标卡尺的正确测量方法

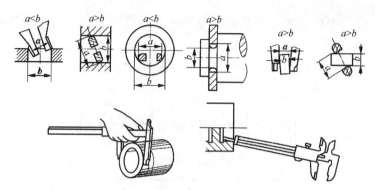

图 8.10 游标卡尺的错误测量方法

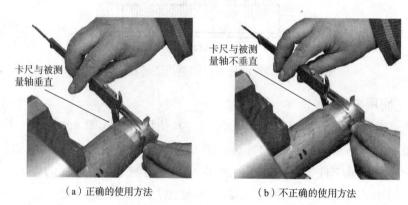

（a）正确的使用方法　　　　　　（b）不正确的使用方法

图 8.11 游标卡尺使用方法对比

8.3.5 注意事项

使用游标卡尺时，应注意以下几点：

（1）测量前，将游标卡尺和被测工件上的测量部位擦拭干净，并对游标卡尺进行零位校对：当两个卡脚合拢在一起时，主尺零线应与副尺零线对齐，两卡脚应密合无间隙，如图 8.12 所示；

（2）测量时，轻轻接触被测工件表面，手推力不要过大，卡脚和工件的接触力要适当，不能过松或过紧，并应适当地摆动卡尺，使卡尺与工件接触完好；

（3）测量时，要注意卡尺与被测表面的相对位置，要把卡尺的位置摆放正确，然后再读尺寸，或测量后卡脚不动，将游标卡尺上的制动螺钉拧紧，卡尺从工件上慢慢取下后再读读数；

（4）为了得出准确的测量结果，同一尺寸，应测量多次。

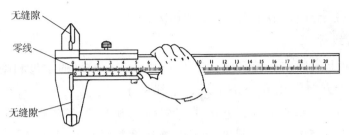

图 8.12 游标卡尺零位校对

8.4 外径千分尺

8.4.1 外径千分尺的结构

外径千分尺是比游标卡尺更加精确的测量工具，其测量精度为 0.01mm（其读数可估算到 0.001mm）。按量程可分为：0~25mm、25~50mm、50~75mm、75~100mm、100~120mm 等多种规格。图 8.13 为外径千分尺外形图。

（a）0~25mm 外径千分尺外形图

（b）75~100mm 外径千分尺外形图

图 8.13 外径千分尺外形图

图 8.14 是测量范围为 0~25mm 的外径千分尺的结构图。其组成为：砧座、测量螺杆、锁紧装置、活动套筒、棘轮微调旋钮、固定套筒、尺架。

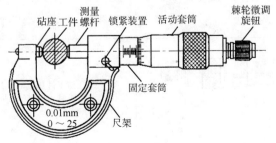

图 8.14 外径千分尺结构

8.4.2 外径千分尺的测量原理及测量方法

1. 刻线原理

千分尺上的固定套筒和活动套筒相当于游标卡尺的主尺和副尺。固定套筒在轴线方向上刻有一条中线，中线的上、下方各刻一排刻度线，刻度线每小格为1mm，上、下两排刻度线相互错开0.5mm。在活动套筒左端圆周上有50等分的刻度线。因测量螺杆的螺距为0.5mm，即测量螺杆每转一周，轴向移动0.5mm，故活动套筒上每一小格的读数值为0.5mm/50=0.01mm。当千分尺的测量螺杆左端与砧座表面接触时，活动套筒左端的边线与轴向刻度线的零线重合。同时圆周上的零线应与中线对准。

2. 测量方法

测量前应先对千分尺进行校对，其方法是：

（1）逆时针方向拨动锁紧装置，使活动套筒处于松开状态；

（2）用干燥洁净的棉丝或绸布将砧座的右端面和测量螺杆的左端面擦净；

（3）转动测量螺杆，使砧座的右端面和测量螺杆的左端面靠近；

（4）将近接触时，旋转棘轮微调旋钮使之结合，当听到"咔咔"声时停止转动；

（5）查看千分尺活动套筒上最左端是否正好与千分尺固定套筒上的第一条基线重合。若重合即可开始测量，不重合应对千分尺进行校正。

零件的测量方法如表8.1所示。

表8.1 外径千分尺的测量方法

测量图示	测量方法
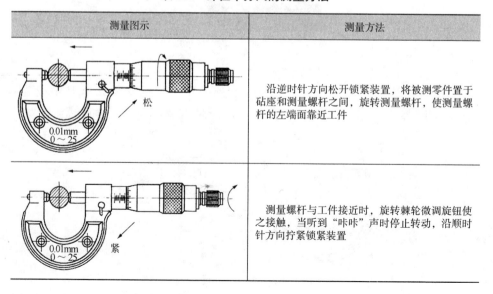	沿逆时针方向松开锁紧装置，将被测零件置于砧座和测量螺杆之间，旋转测量螺杆，使测量螺杆的左端面靠近工件
	测量螺杆与工件接近时，旋转棘轮微调旋钮使之接触，当听到"咔咔"声时停止转动，沿顺时针方向拧紧锁紧装置

续表 8.1

测量图示	测量方法
读出 12mm	1）读出固定套筒中线上方刻线中露出刻线整数的数值 12mm； 2）此时活动套筒左端的边线处在固定套筒中线下方的 12.5mm 刻线的左边； 3）读出活动套筒上与中线重合的数值 0.040mm； 4）将两部分相加，则被测零件的尺寸为 12.040mm
	1）读出固定套筒中线上方刻线中露出刻线整数的数值 7mm； 2）此时活动套筒左端的边线处在固定套筒中线下方 7.5mm 刻线的右边； 3）读活动套筒上与中线重合的数值 0.340mm，再加上 0.5mm，则为 0.840mm； 4）将两部分相加，则被测零件的尺寸为 7.840mm
0.01mm 0～25	测量后，逆时针方向松开锁紧装置，旋转活动套筒，使测量螺杆离开被测工件，为下次测量做好准备

3．使用方法

外径千分尺的使用方法如图 8.15 所示。

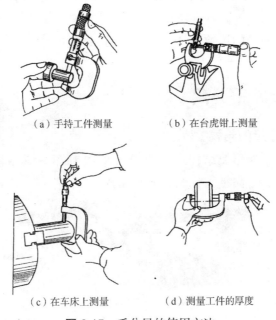

（a）手持工件测量　　（b）在台虎钳上测量

（c）在车床上测量　　（d）测量工件的厚度

图 8.15　千分尺的使用方法

8.5 内径千分尺

内径千分尺除了测量部位与外径千分尺的结构有差异外，其余结构基本一样。图 8.16 为内径千分尺的结构及测量内孔的方法示意图。

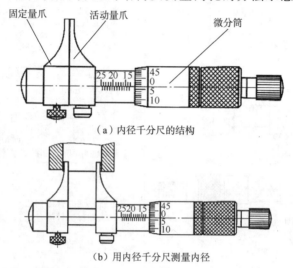

图 8.16　内径千分尺外形图

内径千分尺的测量方法如下：

（1）内径千分尺两侧量爪在孔内摆动，使量爪与内孔靠紧，尺寸达到最大值时读数；

（2）内径千分尺的读数方法与外径千分尺相同。

8.6 螺纹千分尺

8.6.1 螺纹千分尺的结构

螺纹千分尺的外形及结构示意图如图 8.17 所示。其结构由尺架、固定螺母、下测量头、上测量头、测量螺杆组成。

（a）数显螺纹千分尺外形

图 8.17　螺纹千分尺

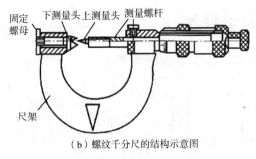

(b)螺纹千分尺的结构示意图

续图 8.17

8.6.2 螺纹千分尺的测量方法

螺纹千分尺一般用来测量三角螺纹的中径,图 8.18(a)所示为螺纹千分尺测量时测量头位置的示意图,图 8.18(b)为螺纹千分尺测量方法示意图。其读数方法与外径千分尺一致。螺纹千分尺的测量方法可分为以下几个步骤:

(1)测量时选用一套与螺纹牙型角相同的上、下两个测量头;
(2)让两个测量头正好卡在螺纹的牙侧;
(3)读出测量数据。

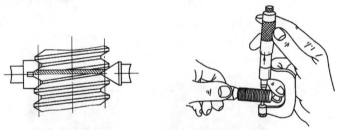

(a)螺纹千分尺测量时的测量头的位置 (b)螺纹千分尺测量方法

图 8.18 螺纹千分尺的构造及测量示意图

8.7 深度千分尺

深度千分尺可以测量套类零件的深度,其使用方法如图 8.19 所示,读数方法与外径千分尺相同。

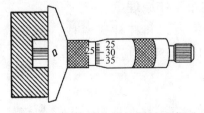

图 8.19 深度千分尺的测量示意图

8.8 壁厚千分尺

壁厚千分尺是用来测量精度较高的管形件壁厚,测量方法如图8.20所示。

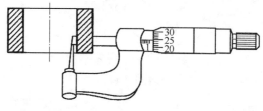

图8.20 壁厚千分尺的测量示意图

8.9 百分表

百分表是一种精度较高的比较量具,它只能测量出相对数值,不能测量出绝对数值。主要用于测量工件的形状误差(圆度、直线度)和位置误差(平行度、垂直度、圆跳动等),也可用于工件的精密找正。图8.21所示为机械式百分表和数字式百分表。

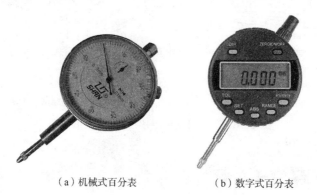

(a)机械式百分表　　(b)数字式百分表

图8.21 机械式百分表和数字式百分表外形图

8.9.1 百分表的结构及工作原理

常用的百分表有钟表式和杠杆式两种,根据量程的不同而分为0~3mm、0~5mm、0~10mm等规格。

1. 钟表式百分表

钟表式百分表的外形及工作原理如图8.22所示。

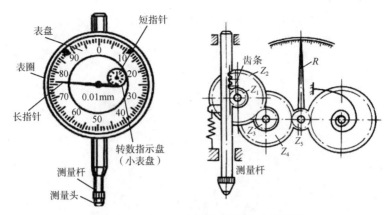

图 8.22 钟表式百分表外形及工作原理

测量时，测量杆上的齿条上下移动，通过齿轮将运动传递至长指针 R。其传动过程为：测量杆上的齿条 $\to Z_1 \to Z_2 \to Z_3 \to Z_4 \to Z_5 \to$ 指针。测量杆上齿条的齿距 $P=1\text{mm}$，$Z_1 = 15$，$Z_2 = 120$，$Z_3 = 40$，$Z_4 = 160$，$Z_5 = 32$，表盘上等分为 100 格。当测量杆移动 1mm 时，长指针 R 的转数为：

$$h = \frac{1}{1} \times \frac{1}{15} \times \frac{120}{40} \times \frac{160}{32} = 1 \text{（圈）}$$

表面每格示值 a 为：

$$a = \frac{1}{100} = 0.01(\text{mm})$$

读数时先读小表盘上短指针的读数，然后读大表盘上长指针的数值，最后把以上所有数值相加即可。例如，在图 8.22 中，小表盘上的短指针转 1 圈多，读作 1mm；大表盘上的长指针指在 70 与 80 之间，读作 0.7mm；且长指针具体位置指在 70 过 6 个格，读作 0.06mm；则完整读数为 1+0.7+0.06=1.76（mm）。

注意：在使用百分表时，读数的开始不是从小表盘的"0"开始的，而是在表有了一个预压量后，大表盘要调零，再读出一个相对值，而且还要记住是压表还是放表，以确定零件位置的高低。

2. 杠杆式百分表

杠杆式百分表的外形及工作原理如图 8.23 所示。当测量杆向左摆动时，拨杆推动扇形齿轮上的圆柱销使扇形齿轮绕轴逆时针转动，此时圆柱销与拨杆脱开。当测量杆向右摆动时，拨杆推动扇形齿轮上的圆柱销也使扇形齿轮绕轴逆时针转动，此时圆柱销与拨杆脱开。这样，测量杆向左或向右摆动，扇形齿轮总是绕轴逆时针转动。扇形齿轮再带动小齿轮以及通周的端面齿轮，经小齿轮，由指针在刻度盘上指示出数值。

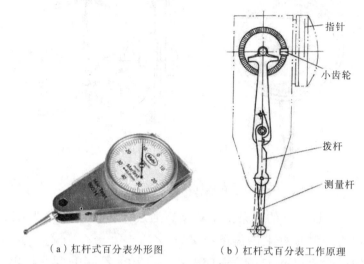

（a）杠杆式百分表外形图　　（b）杠杆式百分表工作原理

图 8.23　杠杆式百分表

8.9.2　百分表的使用

百分表不能单独使用，要安装在表座上才能够使用。百分表的表座如图 8.24 所示。

（a）在永磁性表座上安装百分表　　（b）用专用表座安装杠杆百分表

图 8.24　百分表的安装及测量示意图

8.9.3　百分表的读数

百分表的短指针每走一个格为 1mm，百分表的长指针每走一格为 0.01mm。读数时，先读短指针与起始位置"0"之间的整数，再读长指针与起始位置"0"之间的格数，格数乘以 0.01mm，就得出长指针的读数，短指针读数与长指针读数相加，就得出百分表的读数。

如图 8.25 所示，短指针指向 1~2，读数为"1mm"；

长指针指向 52，读数为"52×0.01=0.52mm"；

此时百分表的读数应为：1.52mm。

图 8.25　百分表的读数

8.9.4　百分表的用途

常用百分表测量工件表面的直线度和径向跳动。

图 8.26 所示为利用百分表测量零件的直线度和径向跳动的示意图。

将轴的两端放置在两块 V 型铁的 V 型槽中，将百分表放置在磁性表座上，转动工件，查看百分表指针的摆动情况，摆动的范围差，即得到零件的径向跳动值。

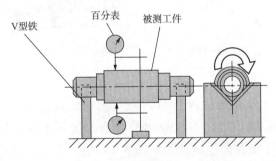

图 8.26　百分表测量示意图

8.10　内径百分表

内径百分表是测量内孔的测量工具，其工作原理如图 8.27 所示。

内径百分表是将百分表装夹在测量架上，触头通过摆动块、测量杆将测量值 1∶1 传递给百分表。固定测量头可根据不同的孔径大小进行更换，测量前应使百分表对准零位。

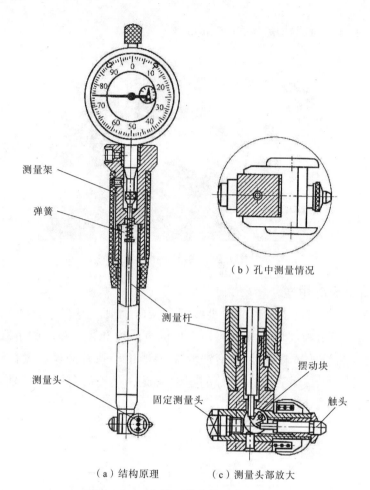

(a)结构原理　　（c）测量头部放大

图 8.27　内径百分表的工作原理

在使用内径百分表测量内孔时，固定测量头及触头应在孔壁内摆动，径向摆动找出最大值，轴向摆动找出最小值，这两个重合尺寸，就是孔的实际尺寸。内径百分表操作示意图如图 8.28 所示。

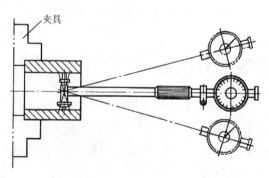

图 8.28　内径百分表操作示意图

8.11 万能角度尺

对于角度零件或精度不高的圆锥表面,可使用万能角度尺进行检查。万能角度尺的精度有 $0°0'5''$ 和 $0°0'2''$ 两种。由主尺、角尺、游标尺、制动螺钉、基尺、直尺和卡块组成,其结构如图 8.29 所示。

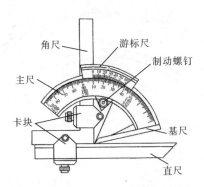

图 8.29 万能角度尺结构示意图

8.11.1 万能角度尺的读数原理

如图 8.30 所示,万能角度尺的尺身刻度每格为 $1°$,游标上总角度为 $29°$,并等分为 30 格,每格所对应的角度为 $\frac{29°}{30}=\frac{60'\times29}{30}=58'$。因此,主尺 1 格与游标 1 格相差 $1°-58'=2'$。

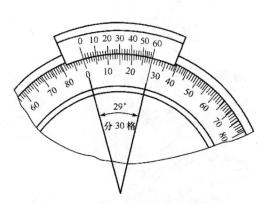

图 8.30 万能角度尺的读数原理

8.11.2 万能角度尺的读数方法

万能角度尺的读数方法与游标卡尺的读数方法相似,即先从尺身上读出游标零位前面的整数值,然后在游标上读出分的数值,两者相加就是被测工件的角度值。如图 8.31 所示的 2′ 的万能角度尺，尺身上游标零位线前的整数值为"10°"，游标上分的读数为"50′"，两者相加为 10°50′。

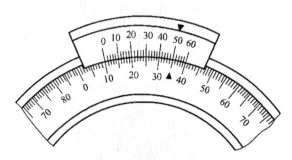

图 8.31　万能角度尺读数示例

8.11.3　万能角度尺的使用

万能角度尺可以测量 0°~360° 范围内的任何角度。测量时，根据零件角度的大小，选用不同的测量装置。表 8.2 所示为根据零件不同的角大小而采用的测量方法。

表 8.2　万能角度尺测量工件角度的方法

测量角度范围	图　示	结构变化
0°~50°		被测工件放在基尺和直尺的测量面之间
50°~140°		应卸下 90° 角尺，用直尺代替

续表 8.2

测量角度范围	图 示	结构变化
140°~230°	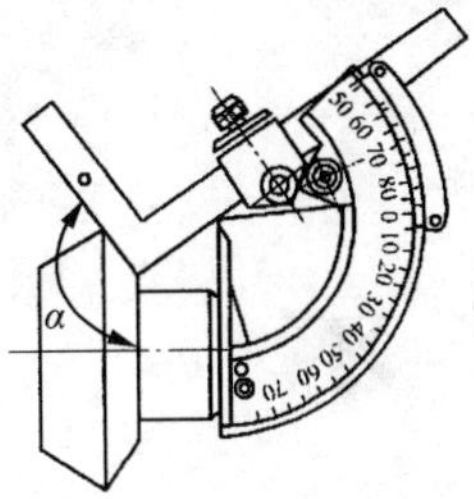	应卸下直尺，装上 90° 角尺
230°~320°	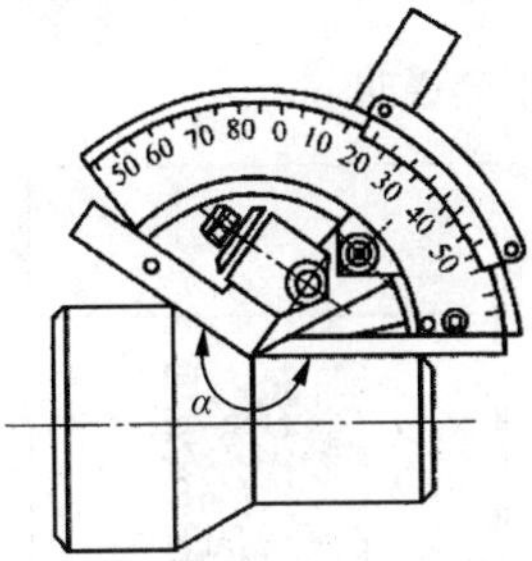	应卸下直尺，装上 90° 角尺

附 录

操作视频说明

二维码	视频说明	二维码	视频说明
	车床通电、断电操作		棒料一般找正的操作
	车床启动、正转、反转及停车操作		百分表找正的操作
	设置主轴转速500r/min的操作		前角刃磨
	设置进给量0.2mm/r操作		刃倾角刃磨
	纵向进给手柄的操作		后角刃磨
	横向进给手柄的操作		端面切削对刀

续表

二维码	视频说明	二维码	视频说明
	径向切削对刀		螺距2.5mm的调整操作
	外圆表面切削		螺纹切削（倒角、对刀）操作
	端面切削		切削能够被螺距整除的螺纹加工
	切槽操作		切削不能够被丝杠导程整除的螺纹
	内圆表面切削操作		

注：1）在切削能够被螺距整除的螺纹加工时，操作步骤如下：
　①车削第一刀螺纹后打开合螺母；
　②刀具沿径向退刀；
　③刀具沿轴向退出工件最右端；
　④径向进给一定深度；
　⑤合上开合螺母，完成第二次切削；
　⑥重复①至⑤步骤，直至加工到螺纹最终尺寸。
2）在切削不能够被丝杠导程整除的螺纹时，操作步骤如下：
　①车削第一刀螺纹后，左手迅速下按离合器操作手柄，使主轴反向转动，同时右手迅速摇动横向进给手柄退出螺纹外表面；
　②待车刀退出零件螺纹最右端时，左手将离合器至于停车位置；
　③右手转动横向进给手柄至第二次螺纹加工尺寸；
　④左手抬离合器，使之正转，在此车削螺纹；
　⑤重复①至④步骤，直至加工到螺纹最终尺寸。
3）百分表找正的操作注意事项：
　①百分表头应垂直工件上母线；
　②根据百分表的量程，一般压表1~2mm；
　③用手轻轻转动卡盘（主轴处于空挡位置）一圈，查看百分表的最大摆动量；
　④用铜棒轻轻敲击工件外母线的最高点；
　⑤重复③至④步骤，直至工件的径向跳动量符合加工要求。